JN247275

1．吹上浜．薩摩半島の西岸に沿い，約 40 km にわたり南北に延びる開放性の自然海岸である．写真は吹上浜のほぼ中央に当たる吹上町入来浜から南を向いて撮影したもので，大潮の干潮時で砂州が干出している．1998 年 7 月 3 日．

2．柳浜．長崎県西彼杵半島の西岸にある閉鎖性の高い砂浜．陸側はほぼ完全に護岸で囲まれているが，大潮干潮時（写真）には汀線に沿う長さ約 300 m，面積約 7.3 ha の干潟が現れる．1988 年 4 月 17 日．

3．ヒラメを詠んだ其角（1661～1707 年）の句．当時の東京湾の汀線付近には，この句が人々の共感を呼ぶほど多くのヒラメがいたのが窺える．ただし，このヒラメは着底したばかりの稚魚ではなく（踏んでも判らないから），満 1 歳の幼魚であろう．

　ここに示したのは，其角の自選になる五元集（延享 4 年，1747 年）に拠ったが，初出の風国編菊の香（元禄 10 年，1697 年）には「親にらむひらめをふまん塩干かな」とある．（字と画は長崎市の俳人　松尾　賢氏）

水産学シリーズ

116

日本水産学会監修

砂浜海岸における仔稚魚の生物学

千田　哲資
木下　　泉　編

1998・4

恒星社厚生閣

まえがき

本書の内容は 1997 年 9 月 30 日に，日本水産学会秋季大会行事として開かれたシンポジウム「砂浜海岸における仔稚魚の生物学」での講演をもとに，当日行われた質疑応答も参考にして，各演者にまとめて頂いたものである．

桑村哲生さん（中京大学）ほかによる「渚の生物」（海鳴社，1981）の第 1 章は「魚の生活」に当てられていて，潜水観察に基づいて，数種の磯魚の繁殖行動やテリトリー行動が紹介されている．しかし，調査地は岩礁・砂礫海岸に限られ，砂浜海岸には触れられていない．栗原　康さん（東北大学）の編集になる「河口・沿岸域の生態学とエコテクノロジー」（東海大学出版会，1988）においても，内湾のラグーン，岩礁域，藻場などの魚類成育場としての役割についてはそれなりに評価されているにも関わらず，砂浜海岸の生物は全く無視されている．当時日本においては，砂浜海岸の魚類成育場としての意義は一握りの研究者によって注目されていたにすぎなかった．

1994 年 11 月に東京大学海洋研究所においてもたれたシンポジウム「砂浜海岸の生態系と物理環境」（水産工学研究所，水産工学集録，No.1）での提出論文 20 篇のなかに，須田有輔（水産大学校）・五明美智男（東亜建設工業）両氏による「砂浜海岸砕波帯における魚類仔稚魚分布と物理環境」が含まれている．そして今回は，日本水産学会により仔稚魚に焦点を絞ったシンポジウムが開かれるに至った．魚類の生活史の中で，砂浜海岸の砕波帯ないし渚域が果たす役割が，今では研究者の間で広く認められつつあることの証であろう．

シンポジウムの話題提供者各位，および熱心に講演を聴き討議に参加して下さった皆さんにお礼申し上げる．特に長崎大学工学部の富樫宏由教授には，水産学会会員のために，ご専門の海岸工学の立場からお話頂いたご好意に深謝の意を表する．同時に，このような企画を受け入れて，その実現にご助力賜った日本水産学会シンポジウム企画委員会の皆さんに感謝します．

平成 10 年 1 月

千田哲資・木下　泉

砂浜海岸における仔稚魚の生物学

企画責任者：千田哲資（長大水）・木下　泉（京大農）・乃一哲久（千葉中央博）
南　卓志（日水研）・中園明信（九大農）

砂浜海岸における仔稚魚の生物学　目次

Biology of Larval and Juvenile Fishes in Sandy Beaches

Edited by Tetsushi Senta and Izumi Kinoshita

I．砂浜海岸の魚類研究の背景

1．砂浜海岸における魚類の研究史

千　田　哲　資*

幼稚魚の成育場として藻場や流れ藻が久しく脚光を浴びてきたのとは対照的に，砂浜海岸の浅海域の意義は広く一般に認められているとはいいがたい．しかしながら，砂浜海岸の魚類相の研究は半世紀以上の歴史を有する．その歴史を概観し，今後の研究の方向を考えてみたい．

併せて，砂浜海岸，特に砕波帯における，仔稚魚研究に伴う危険性について言及し，これから仕事を進めていく方々へ注意を促したい．

§1．研究史

1･1　北米における研究

砂浜海岸の渚域で泳ぐ稚魚がいることは，古くから，潮干狩りや水浴を楽しむ子供でも気づいていたであろうし，地引き網の漁夫たちは幼稚魚が混獲されるのを目にしていたはずである．

しかし，砂浜海岸の魚類相の総括的な研究は，1940 年代の北米大西洋岸における Pearse ら [1] および Warfel and Merriman [2] に始まるといえる．続いて 1950 年代末から 1960 年代初めにかけて，メキシコ湾岸 [3,4] や太平洋岸 [5] などの報告が現れ，その後，北米各地で同様の研究が盛んに行われるようになった．そして 1974 年には Odum らの編集になる「Coastal Ecological Systems of the United States」という 4 巻よりなる大部の報告書 [6] が刊行された．この本の中で沿岸生態系は多くのタイプに分けられているが，そのうち外洋に面した砂浜海岸は high energy beach と定義され，Riedl and McMahanにより詳しく解説されている（Vol.1, pp.180-251）．

* 元長崎大学水産学部

1・2　南アフリカにおける研究

砂浜海岸の生態学的研究が精力的に進めれられてきた国の一つに南アフリカがある．幼稚魚に関してこそやっと 1980 年代になって Lasiak [7] により次々と報告されるようになったが，無脊椎動物の多くの分類群の生態学については，ケープタウン大学の Dr. Brown，ポート・エリザベス大学の Dr. McLachlan を中心に 1960 年代以降活発な研究が続けられてきた．1983 年 1 月には，ポート・エリザベスにおいて砂浜海岸についての第 1 回国際シンポジウムが開かれ，そのプロシーディングが「Sandy Beaches as Ecosystems」と題して刊行された [8]．また，1990 年には Brown と McLachlan の共著になる「Ecology of Sandy Shores」という本 [9] も出されている．かれらは砂浜海岸における物理的・化学的および生物的プロセスを制御するのは波のエネルギーであることを強調し，対象としているフィールドの物理的特性に生態学者がもっと注意を払うよう求めている．

北米および南アフリカの研究者は幼稚魚の採集に小型の地引き網を用いた．

1・3　北海周辺における研究

北海周辺での渚域の研究は，底魚資源としてもっとも重要なプレイス *Pleuronectes platessa* やターボット *Scophthalmus maximus* の着底稚魚の生態に焦点を当てて行われてきた．プレイスが砂浜河岸の汀線付近に着底することはすでに前世紀末には魚類学者の常識であった [10, 11] それにも関わらず，それを主題とする研究が，先ず英国の研究者によってアイリッシュ海で始められたのは 1960 年代に入ってのことであった [12, 13]．当時，英国ではプレイス人工種苗の大量生産がほぼ軌道に乗り，自然の海への種苗放流が日程に上ろうとしており，天然の着底稚魚の生物学的情報の蒐集が求められていた．その後，英国の他の海域における同様の研究が盛んに行われるようになり，その過程で小型（桁長 1.7〜2 m）のビーム・トロールおよび幅 1.5 m の押し網（Riley push-net [14]）が標準的な漁具として採用されるようになった．Gibson [15] はオーバンの近くの小さな湾の潮間帯（大潮時で幅 120 m）におけるプレイス稚魚の潮汐に伴う移動を報告するとともに，ここの採集で 20 種の稚魚を記録している．

オランダ北岸からデンマーク西岸にかけて延びる面積約 1 万 km^2 のワッデン海は干潮時にはその 2/3 が干出するほどの浅い海である．それだけに人間の諸活動の影響も大きく，この海の将来を危惧したオランダの研究者たちは，ドイツとデンマークの科学者の協力も得て，早くから「ワッデン海プロジェクト」として広範な分野にわたる仕事を進めてきた．その中でこの海がプレイスを含む多くの北海の魚類の成育場として極めて重要な役割を果たすことが明らかになり，1970 年代以降，オランダやドイツの研究者によるプレイス稚魚の研究が盛んに行われるようになった．Kuipers [16] は「信頼のおける現存量の推定値を得るためには，採集量の変動に関係する要因を明らかにする必要がある，潮間帯での潮汐に伴う移動こそ採集量変動の主要因の一つであろう」と考えて研究し，プレイス稚魚は干満に応じて潮間帯を 1,000 m 以上にわたって移動することを明らかにした．近年では Van der Veer [17] らが，潮汐に伴う移動や被食の問題など広範な研究を行っている．

前述の「ワッデン海プロジェクト」の成果は「Ecology of the Wadden Sea」という 3 巻よりなる報告書にまとめられている [18]．

1·4 日本における研究

日本における研究には大きく 2 つの流れがある．マリーン・ランチング計画（水産庁）のなかでのヒラメの着底稚魚の生態研究を契機とするものと，サバヒー稚魚の出現・分布に関する研究を端緒とするもので，時を同じくして 1977 年に始まった．

渚域に着底するヒラメを対象とする研究がもっともよく行われているのは長崎県平戸島の志々伎湾と西彼杵半島の柳浜および八代海（6ヶ所の海岸）の 3 水域である．採集に主に使われている桁網や押し網は，基本的には北海のプレイスの研究で開発されたものと同じである．志々伎湾では初め西海区水産研究所の研究者が渚域にヒラメが着底することを報告したが [19]，ここをフィールドとする詳細な研究は京都大学の田中らによって進められた [20]．他方，長崎大学の若い研究者たちは，長崎県大瀬戸町役場や熊本県水産研究センターと共同して，柳浜と八代海で仕事をした [21~23]．これらの研究で得られた主要な成果は，1996 年の日本水産学会秋季大会で開かれた「ヒラメの生物学－その基礎と応用」と題するシンポジウムでも報告された [24]．

サバヒー稚魚の研究に当たって用いられた採集具は，単なる長方形の網地の両端に棒をつけただけの簡単なもので，元来フィリピンの漁民が養殖用のサバヒー種苗を採捕するのに使っているものである．網の下端は海底から離して曳かれるため，仔稚魚のうち底層や海底に接して分布するものは採集できないが，反面，網目を小さくできるので，地引き網や桁網などでは得られぬ小さい仔魚も採集できる．この採集によって，それまで台湾が北限と考えられていたサバヒー稚魚が西日本の海岸に普通に出現することが明らかとなった[25)]．やがて同様の採集が季節的にも地理的にも範囲を広げて実施されるのに伴って，アユ・シラウオ・クロダイ・キチヌ・ヘダイ・クロサギ・シロギス・スズキなどの重要種を含む多くの仔稚魚が砂浜海岸の渚域に生息することが判ってきた[26~28)]．

1·5　今にして思えば

1)「砂浜海岸の仔稚魚」に焦点を当てた日本で最初の学会講演は，1979 年春の魚類学会年会における千田・平井による「種子島におけるサバヒー仔魚の季節的出現」についての報告である．1982 年以降，魚類学会・水産学会の年会・大会では，毎回のように砕波帯の仔稚魚に関する報告がなされている．

1958 年に内田ら[29)]の「日本産魚類の稚魚期の研究」が出版された．当時としては80種に近い稚魚が初めて 1 冊の本のなかで図示・記載されたわけで，多くの稚魚研究者により活用された．この中で，庄島洋一氏が全長 9～35 mm のクロダイ・キチヌ・クロサギを記載しており，これらの標本はいずれも各地の海岸でたも網により採集したことを明記している．着底期のクロダイ仔稚魚が藻場周辺の渚域に生息することは，もっと早く 1942 年には大島[30)]によって報告されている．このサイズのこれらの稚魚は，1953 年以降全国的に行われている稚魚網採集[31~34)]やシラス舟曳網[35)]のサンプルにはほとんど出現していない．

過去において，庄島や大島の報告は，それらの稚魚を査定するためや，生態を知るための参考文献として利用されてきた．もし，視点を変えて，得られた場所に注目してこれらの文献を読んでいたなら，渚域が一つの特異な biotope を形成していることにもっと早くわれわれは気づいていたであろう．

同時に仔稚魚の形態の記載を目的とする報告であっても，標本の採集場所や採集具について，許される限り詳細に記述しておくと，生態学的な情報をも与えることになろう．

2) サバヒー養殖の本場はインドネシア・フィリピン・台湾の 3 国である．20 年近くにわたってジャバ海の魚卵・仔稚魚について研究した Delsman は，

1926 年にサバヒー種苗と混獲される他種の稚魚として，イセゴイ *Megalops cyprinoides*, カライワシ *Elops hawaiensis*, タカサゴイシモチ属 *Ambassis* sp. ハゼ科の魚など数種を報告している[36]．かれは主に，漁村から種苗販売人の手でバタビア（現在のジャカルタ）に運ばれた種苗を調べたようだが，サバヒー種苗を採捕する漁民たちは，1 網ごとに選別して雑魚は捨ててしまう．したがって，バタビアで得られるものは選別洩れのものに限られる．もし Delsman が足繁く種苗採捕の現場に出向いて混獲物を調査していたらもっと多くの資料を得ていたであろう．Bagarinao and Taki[37] が，フィリピンでサバヒー種苗と混獲される稚魚として 47 科に属する約 70 種を報告するまでに 60 年の歳月が流れた．

§2．当面の問題

砂浜海岸の仔稚魚に対する研究者の関心が深まるに伴い，研究題目も広がりをみせて，仔稚魚の移入機構，潮汐・昼夜による移動，食物関係，日齢組成など多彩な研究が行われつつある．しかし，研究の歴史が浅いだけに残された研究題目も多い．ここでは，それらのうち筆者がもっとも関心を抱いている 2 つのことに触れる．若い研究者の中から興味をもって研究しようとする方が現れると幸いである．

2・1　砂浜海岸の潮溜まり

一般に「潮溜まり」もしくは「タイドプール」というと岩礁海岸のそれを意味し，そのような場所での研究は比較的によく行われている．それに反し砂浜海岸の潮溜まりは日本では全く無視されてきた．

ハンブルグ大学の Berghahn[38] は北部ワッデン海の潮間帯におけるプレイス稚魚の生態研究のなかで，干潟に残される大小の潮溜まりの役割についての詳しい観察を行っている．潮溜まりに残るのは着底直後の稚魚のみであってより成長した稚魚による捕食を免れる結果となること，水温が上昇すると稚魚の潮溜まりからの「大脱出（Exodus）」がみられること，それをねらって水鳥が水路に並ぶことなど，多くの興味深い事実を報告している．

長崎県柳浜での潮溜まりの予備的観察によると，少なくとも 22 科 27 種の仔稚魚がみられた．潮間帯下部の潮溜まりには時として多数の着底直後のヒラメが残っており，より高い位置の潮溜まりに生息するヒメハゼの胃からその時そこにはみられなかったエドハゼ稚魚が大量に出現した *．また，吹上浜の干潟に形成される大小の潮溜まりからも多くの種類の稚魚を採集している．しかし今までのところ，断片的な観察に留まり，まとまった知見は集積されていない．

余談ではあるが，有明海の一部では「足型」というユニークな漁法が行われていた[39]．干潮時の干潟に足跡の窪みを作っておき，次の干潮時にその窪みに残っているシタビラメを拾って歩くというもので，いわば干潟に人工的に潮溜まりを作っての漁業である．稚魚の採集や生態研究に応用できそうである．

2・2　比較可能なデータを得るために

砂浜海岸の仔稚魚の研究が広がるとデータの比較の問題が生ずる．その例を幾つか挙げてみたい．

1）定性的な比較　2 つの地域の種組成を比べるといったいわば定性的な比較ですら，それが可能であるためには前提条件がある．例えば，過去の研究で用いられた地引き網をみると，長さにおいて 9.1～190 m，網目において 3.2～30 mm と様々である．これでは同じ場所で操業しても漁獲物は大きく異なるはずである．採集具と操業方法の標準化が望まれる．

出現の月周期性，潮の干満に応じての潮間帯の移動，昼夜による離岸・接岸など，稚魚の行動が魚種により異なることが問題を更に難しくしている．

理想的には，季節的な努力量をほぼ等しくした周年にわたる採集を3ヶ年続けたデータが欲しい．

2）定量的な比較　地域間はいうまでもなく，昼夜や潮時・潮候に応じての比較を定量的にするためには，上述の諸点に加えて，採集量の変動が問題となる．つまり，2 つの地域，または昼と夜の採集量の差がどの程度大きければその差を有意とみなせるかである．魚種ごとの渚域での分布パターンと分布密度および 1 曳網当たりの掃海面積が，1 曳網による採集量の信頼区間に影響する．この問題については，押し網に関して予備的に研究されているにすぎない[40]．

3）漁獲効率　採集量をもとにして現存量を推定するには用いた漁具の漁獲効率を知らねばならない．今までに試みられた方法としてはある数（50～100 個体）のプレイス稚魚を収容した囲い網（30×2 m）の中で桁網を曳く[41]

---

* 植田直厚，長崎大学水産学部卒業論文（1997）

潜水により海底に設置したコドラート内のヒラメ稚魚を数えて密度を求め，桁網の漁獲と比較する[42]，渚域のヒラメ稚魚をコドラート・ネットと押し網で採集して漁獲を比較する[40]などがある．概して25～40％の漁獲効率という結果が得られている．

§3．事故防止のために

砂浜海岸の渚域で徒渉しながら稚魚を採集することは，必ずしも常に安全であるとは限らない．過去に経験したこの採集方法に伴う危険性の幾つかを紹介し，砂浜海岸の研究を始めようとする方々の参考に供したい．

3･1　気象・潮汐の地域差

人間は誰でも経験によりものごとを判断するわけだが，所詮われわれの経験できることは限られている．九州西岸では北西季節風の卓越する冬が採集も難しく，危険も伴う．それに反し，土佐湾など太平洋岸での危険性は，土用波の発達する夏の方が，陸から沖へ風が吹く冬よりも大きい．また，最大の潮差40 cmに過ぎない日本海をかねてのフィールドとする研究者が，潮差3mを超える瀬戸内海や有明海へ採集に出向く機会をもったならば，張潮時の水位の上昇が予想外に早いことを十分認識しておくべきである．

3･2　海底地形の複雑さと変動性

砂浜海岸は一定の傾斜で沖に向かって深くなっているわけではない．しばしば渚線から数10 mないし100 m以上離れて，海岸線と平行に砂州 sand bar が形成され，大潮干潮時には干出することもある．渚線と砂州の間は砂谷 trough で，干潮時の水深は数10 cmから1 mを超える場合もある．砂州は不規則に断続しており，渚線には不規則な間隔をおいてカスプ cusp があり浅瀬が砂州へ向かって砂谷を横切る．

吹上浜の砂州でバカガイを採っていた老夫婦が，砂谷を横切って岸に引き上げようとしたが，深くなりすぎていて溺死したことがある．このような場合でもカスプに沿って渡るとより安全なのだが，水位が高くなるとその位置が判りにくくなる．干潮時に砂州の上または外側で採集をする場合には，満ち潮にかかったら早めに切り上げることが肝要である．またカスプの位置を山立てで確認しておくなり，そこに標識を立てるなりしておく用心が必要である．

砂浜海岸の地形は年や季節によって変わるのみでなく，大きな時化があると砂州・砂谷・カスプなどの位置・形状・規模が一夜にして変わる．渚線付近の海底も決して平坦ではない．1990 年 1 月に，時化気味の吹上浜で水深 70 cm の線に沿って採集していた 2 人の学生が，突然深みにはまった押し網に引きずられて前のめりに倒れた．胴長をはいていたため思うように泳げず，危なく大きな事故になるところであった．次の干潮時に行ってみたところ，直径 10 m 足らずの範囲が周囲より 50 cm 程度深くなっていた．時化の日の採集には救命胴衣を着用するとともに，岸にいる者は手元に救命浮輪を用意しておくべきである．

3･3　危険な生物

1989 年の初夏，学生がアカエイに刺されて病院へ担ぎ込まれるという事故がおきた．島原半島口之津の水深 50 cm に足らぬところで押し網を操業していて，体盤長 30 cm 程度のアカエイを踏みつけたのである．押し網の採集物として成魚に近いオニオコゼを得たこともあり，藻場の近くではハオコゼの出現も稀でない．渚域を徒渉しての採集では素足は禁物である．

西日本の海では盆を過ぎると急にアンドンクラゲが増える．20 年も前のことだが，夏の海でサバヒー稚魚を採集していた学生が上半身をくまなくクラゲに刺され，暫く苦しんだことがあった．ハナガサクラゲやカツオノエボシに刺されると，場合によっては命に関わりかねない．夏であっても，採集に当たってはウェットスーツなり長袖のシャツを着たほうが安全である．

採集物の選別にあたり用心すべきものとしてイモガイ類も無視できない．この類の歯舌は，管で毒嚢とつながった矢舌になっている．猛毒をもつものが数種あり，南日本の砂底の浅海にも住むので，稀に押し網で採集される．生きたイモガイを手でつかむのは危険である．

かつて，シラウオの産卵研究の過程で，八郎潟での産卵場に関する文献（1954 年刊）を読んだ．当時発見されたこの潟のシラウオ産卵場は，今では干拓されて農地の下に埋もっている．折りにふれ「その研究をした人々の仕事の現在における意義をどこにもとめたらよいか」と思う．

「ウォーターフロントの開発」の名のもとに，わが国の自然海岸は失われ続けている．砂浜海岸生物学の同学の士が，「今の仕事がいつまでも有意義であるために自分にできることはなにか」と常に考えて下さるよう熱望する．

文献

1）A. S. Pearse, H. J. Humm, and G. W. Wharton : *Ecol. Monogr.*, 12, 135-190（1942）.

2）H. E. Warfel and D. Merriman. *Bull. Bingham Oceanogr. Collect.*, 9, art. 2, 1-91（1944）.

3）G. Gunter : *Publ. Inst. Mar. Sci. Univ. Texas*, 5, 186-193（1958）.

4）W. N. McFarland : *Publ. Inst. Mar.Sci. Univ. Texas*, 9, 91-105（1963）.

5）J. G. Carlisle, J. W. Schott, and N. J. Abramson : *Calif. Dept. Fish and Game, Fish Bull.*, 109, 1-79（1960）.

6）H. T. Odum, B. J. Copeland, and E. A. McMahan (eds.) : Coastal Ecological Systems of the United States, The Conservation Foundation, ,1974, 4 vols.

7）T. A. Lasiak : *S. Afr. J. Sci.*, 77, 388-390（1981）.

8）A. McLachlan and T. Erasmus (eds.) : Sandy Beaches as Ecosystems, Dr. W. Junk Publ., 1983, viii+757pp.

9）A. C. Brown and A. McLachlan : Ecology of Sandy Shores, Elsevier, 1990, xii+328pp.

10）E. Ehrenbaum : Eier und Larven von Fischen des nordischen Planktons,Teil 1, Lipsius & Tischer, 1905, p.161.

11）H. M. Kyle : The Biology of Fishes, Sidwick & Jackson, 1926, p.34.

12）J. D. Riley and J. Corlett : *Rep. Mar. Biol. Sta. Port Erin*, 78, 51-56（1966）.

13）C. T. Macer : *Helgol. wiss. Meeresunters.*, 15, 560-573（1967）.

14）J. D. Riley : The Riley push-net, in "Methods for the Study of Marine Benthos " (ed.by N.A.Holmes and A. S. McIntyre), Blackwell Scientific Publication, 1971, pp.286-290.

15）G. Gibson : *J. exp. mar. Biol. Ecol.*, 12, 79-102（1973）.

16）B. Kuipers : *Neth. J. Sea Res.*, 6, 376-388（1973）.

17）H. W. van der Veer : *Mar. Ecol. Prog. Ser.*, 29, 223-236（1986）.

18）J. W. Wolff (ed) : Ecology of the Wadden Sea, A. A. Balkema, 1983, 3 vols.

19）首藤宏幸・畔田正格・池本麗子：マリーン・ランチング計画プログレスレポート，ヒラメ・カレイ（1）西海区水産研究所，1985，pp.25-30.

20）M. Tanaka, T. Goto, M. Tomiyama, and H. Sudo : *Neth. J. Sea Res.*, 24, 57-67（1989）.

21）M. H. Amarullah : Ecological study of juvenile flatfishes,especially of Japanese flounder, *Paralichthys olivaceus* (Temminck et Schlegel), occurring along sandy beaches of the western coast of Kyushu, Doctoral thesis, Nagasaki Univ., 1989, 75pp.

22）Subiyanto : Ecological study of flatfishes, especially on immigration and settlement of Japanese flounder, *Paralichthys olivaceus* (Temminck et Schlegel) in the Yatsushiro Sea and adjacent waters, Japan, Doctoral thesis, Nagasaki Univ., 1991, 92 pp.

23）乃一哲久：砂浜海岸におけるヒラメ（*Paralichthys olivaceus*）着底仔稚魚の生態学的研究，博士論文，長崎大，1993，88 pp.

24）南 卓志・田中 克（編）：ヒラメの生物学と資源培養，恒星社厚生閣，1997，130pp.

25）T.Senta and A. Hirai : *Jpn. J. Ichthyol.*,

28, 45-51（1981）.

26）木下　泉：海洋と生物，6，409-415（1984）.

27）T. Senta and I. Kinoshita : *Trans. Am. Fish. Soc.*, 114, 609-618（1985）.

28）木下　泉：*Bull. Mar. Sci. Fish., Kochi Univ.*,（13），21-99（1993）.

29）内田恵太郎，他 8 氏：日本産魚類の稚魚期の研究，九大農学部水産第二教室，1958，89pp，86 pls.

30）大島泰雄：日水誌，10，249-255（1942）.

31）T. Shimomura and H. Fukataki : *Bull. Japan Sea Reg. Fish. Res. Lab*,（6），155-290（1957）.

32）岡山県水産試験場：瀬戸内海中部における魚卵・稚魚の出現とその生態，1964，85pp.

33）服部茂昌：東海水研報，（40），1-158（1964）.

34）S. Matsuda : *Bull. Nansei Reg. Fish. Res. Lab.*,（2），49-83（1969）.

35）高知県水産試験場：高知水試事報，昭和 54（pp.46-59），55（pp.1-22），56（pp.1-13）（1981-83）.

36）H. C. Delsman : *Treubia*, 8, 400-412（1926）.

37）T. Bagarinao and Y. Taki : The larval and l. c.uvenile fish community in Pandan Bay, Panay island, Philippines,in "Indo-Pacific Fish Biology : Proc. 2nd Int. Conf. Indo-Pacific Fishes"（ed. by T. Uyeno *et al.*），1986, pp.728-739.

38）R. Berghahn : *Helgol. Meeresunters.*, 36, 163-181（1983）.

39）塚原　博：魚のおもしろ生態学ーその生活と行動のなぜ．講談社，1991，p.108.

40）T. Senta, F. Sakamoto, T. Noichi, and T. Kanbara : *Bull. Fac. Fish. Nagasaki Univ.*,（68），35-41（1990）.

41）R. Edwards and J. H. Steele : *J. exp. mar. Biol. Ecol.*, 2, 215-238（1968）.

42）藤井徹生・首藤宏幸・畔田正格・田中　克：日水誌，55，17-23（1989）.

2．砂浜海岸の構造物 ー侵食・堆積への影響ー

富 樫 宏 由*

砂浜海岸には，波あるいは流れによって海浜物質が輸送される沿岸漂砂と呼ぶ土砂移動現象が起きているので，そこに何らかの原因で海岸における土砂収支の均衡が崩されると侵食と堆積の現象が発生する．本章では，これを先ず（1）マクロ的視点から，漂砂源に近い上手側から下手側への沿岸漂砂の時・空間的動態に関する波動・拡散性について述べ，次いで主題である（2）砂浜海岸の構造物，それが新設された場合の侵食と堆積への影響について述べる．そして最後に，（3）「砕波帯」の定義や，海岸構造物の有無に関して，砂浜海岸を含む自然，半自然海岸と人工海岸の分類の仕方について述べる．

§1．海岸侵食の波動・拡散性

1･1　静岡海岸の場合

土屋[1]は，図2･1に示す静岡海岸において，できるだけ侵食の初期の段階で

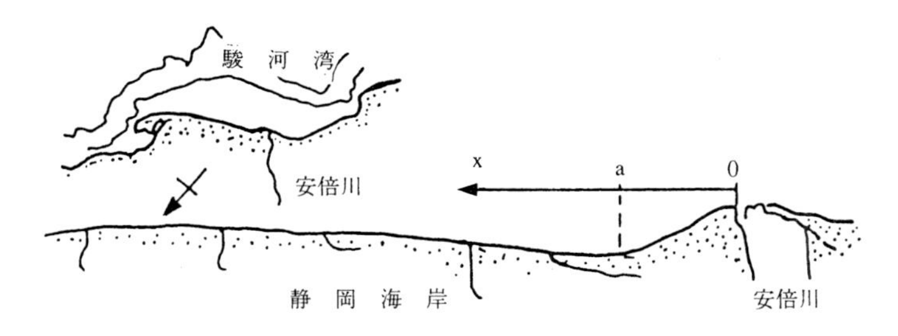

図2･1　安倍川を漂砂源とする静岡海岸と座標[1]

かつまた構造物などの影響が少ない時期の資料として入手した豊島ら[2]の資料のほか，宇多ら[3]および静岡県[4]による汀線変化の最近の資料を用いて，海岸侵食に伴う汀線の時空間変化を種々の空間長さの移動平均法によって調べた．その結果を例えば豊島ら[2]（図2･2）によれば，図中のy（79-77）15および

* 長崎大学工学部社会開発工学科

y（81-79）15 で示す破線と一点鎖線の 15 点（1.19 km）の移動平均から明らかなように，河口からの距離とともに空間波形が沿岸漂砂の方向に伝播することが分かる．ある空間に亘って汀線が後退する所謂 erosional wave（侵食波）を示す場合には，その wave crest（波頂）の部分を含む数 km の空間波形が存

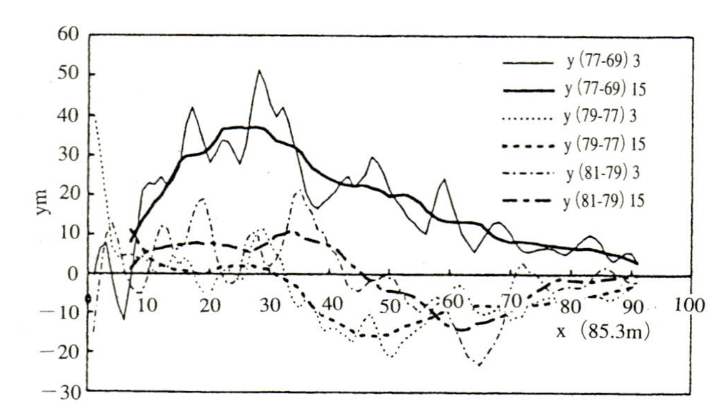

図 2·2　1969 年から 1981 年の資料による汀線変化の空間波形と変動[1]．図中の y（77-69）3 および y（77-69）15 は 1969 から 1977 年までの汀線変化量の 3 点（170 m）および 15 点（1.19 km）の移動平均を示し，安倍川河口からの距離 85.3 m を距離単位として x で表してある

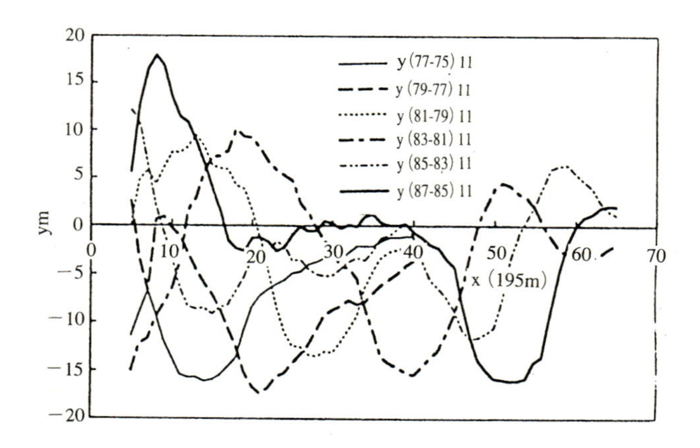

図 2·3　1975 年から 1988 年の資料による汀線変化[1]
1975 年からは時間間隔を 2 年とし，空間間隔を 195 m として 11 点（1.95 km）の移動平均したものである

在し，それに y (79-77) 3 及び y (81-79) 3 のように，ほぼ周期的な数 100 m の変動が重なっていることが理解される．

宇多ら[3] の資料を同様な方法で解析した結果の図 2·3 においても，豊島らの資料による図 2·2 とともに，比較的定形な数 km の空間波形として北進し，沿岸漂砂の方向に伝播していることが明瞭に示されている．

さらに興味深いことにこの定形波には，汀線が前進して堆積性を表す accretional wave (堆積波) *も存在し，これが同じ方向に伝播することが見出される．この erosional wave および negative erosional wave の空間波形は定形波のようにほぼ相似しており，それらの wave crest と wave trough の位相速度を示すと図 2·4 のように直線になり，両者の伝播速度は同一であることが分かる．

次に，1985 年以降の静岡県の資料を同様に解析した図 2·5 によれば，これは明らかに negative erosional wave として伝播しているが，1991 年頃になると河口付近から erosional wave が発生して沿岸漂砂の方向に伝播していることが分かり，これら両者の伝播特性も図 2·4 に示されている．図 2·4 において，最初の erosional wave の伝播特性を表す直線を時間を遡って延長すると 1970 年頃と交差するが，これは 1968 年以前に安倍川河道において砂利採取が広範囲に行われ，これによる漂砂源の減少により著しい海岸侵食が起こったといわれる[3] 時期と対応する．

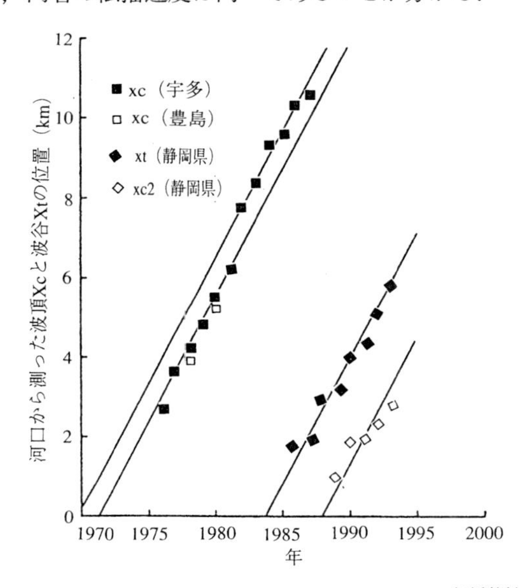

図 2·4 Erosional wave, negative erosional wave の伝播特性[1]

次いで，沿岸漂砂量方程式と海浜変形の連続式とから誘導された線形近似方

* このような英語はないので，土屋[1] はこれを negative erosional wave と名づけた

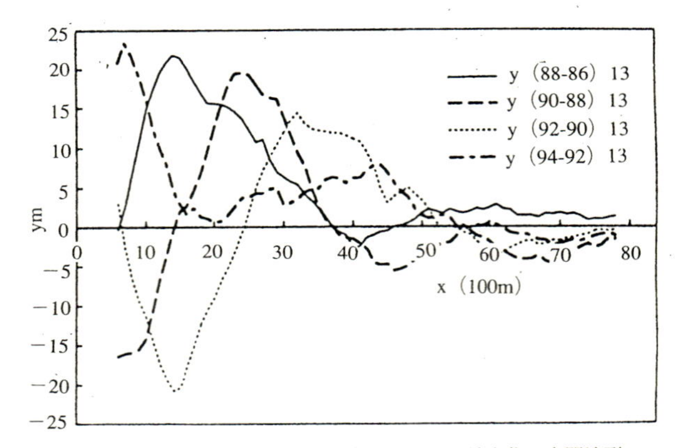

図 2·5　1985 年から 1994 年の資料による汀線変化の空間波形[1]

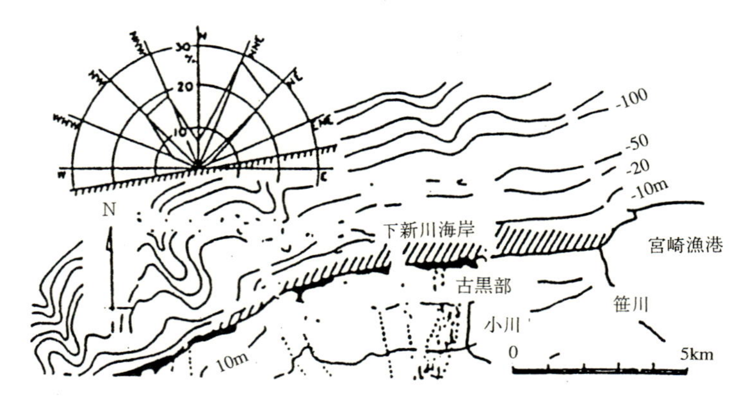

図 2·6　下新川海岸の位置図および主波浪[5]

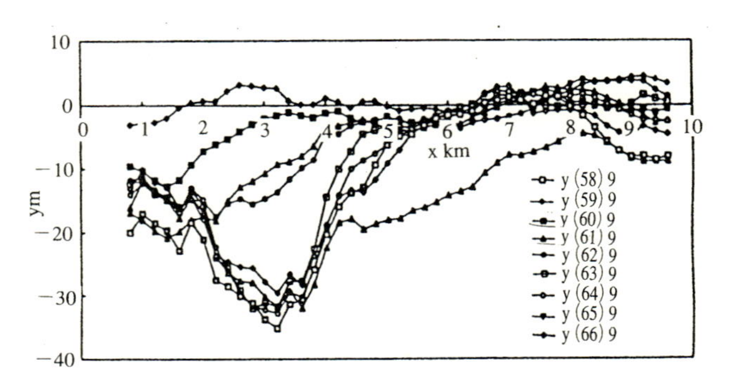

図 2·7　下新川海岸における拡散現象としての汀線の時空間変化[5]

程式により，汀線変化の現象は波動・拡散現象であり，erosional wave の伝播が理論的にも説明し得るものであることを検討するとともに，漂砂源の減少に伴う河口デルタ海岸の submerged delta の変形と erosional wave，negative erosional wave 発生との因果関係についても考察した．

1·2 下新川海岸の場合

土屋[5]は，次いで上記と同様の手法で，沿岸漂砂の阻止による海岸侵食に伴う汀線変化を図 2·6 に示す富山県下新川海岸について調べたが，1958 年を基準年として笹川河口から西向きの沿岸方向に，汀線の空間的変化を 9 点（1.6 km）の移動平均によって解析した結果を図 2·7 に示す．明らかに，汀線変化の空間的形状とその時間発展は，拡散現象として理解できるように，東側から西向きに移動して侵食範囲が拡大して行くこと，その過程で空間形状も若干変形して行くことが分かる．この場合の拡散現象としての汀線変化速度を，1959 年からの経時で図 2·8 に示すが，これから移動速度はほぼ一定で 540 m/yr 程度と推定された．

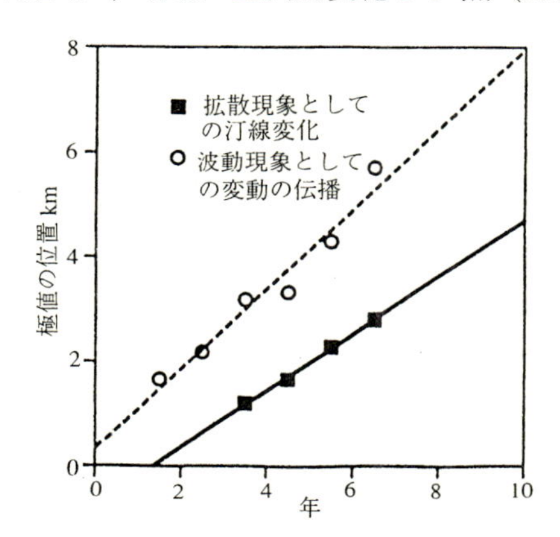

図 2·8 拡散現象としての汀線変化の極値の移動速度と変動の伝播速度[5]

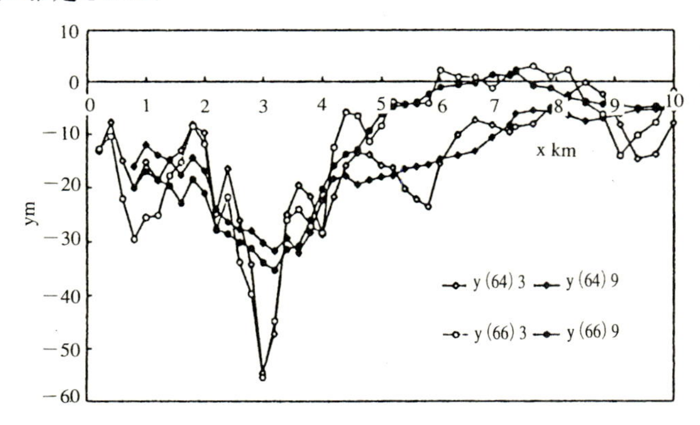

図 2·9 拡散現象としての汀線変化に重ねられた波動成分[5]

次いで，9 点移動平均による拡散現象としての汀線変化の空間形状からの小刻みな変動分の 3 点（400 m）の移動平均を求めた一例を図 2·9 に示すが，明らかに，拡散現象としての汀線変化により小さい変動が重なっているのが見られる．これを詳細に調べた結果によれば，この小さな変動は沿岸漂砂の下手側（卓越する西向き）に伝播している波動成分であることが見出された．

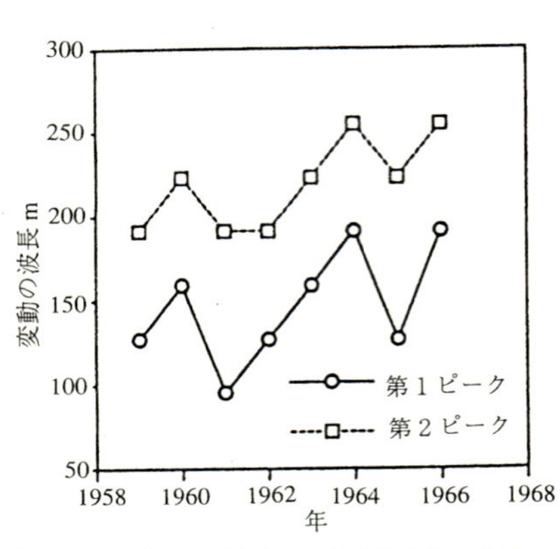

図 2·10　ピーク波数値に対応する変動の波長とその経年変化[5)]

この波動成分をスペクトル解析して得られた波数スペクトルには 2 つのピーク波数値が存在し，この波数値に対応する変動の波長を求めると図 2·10 のように大きく経年変化するが，平均的には 150 m 及び 230 m 程度の波長となった．また，この侵食波の波峰の移動速度を調べた結果を図 2·8 に併せて示してあるが，移動速度は約 760 m/yr であり，拡散現象のそれより約 1.4 倍速いことが分かる．

したがって，この海岸における海岸侵食に伴う汀線変化は，N または NNE からの波浪によって局所的な汀線変化を生じてそれが境界条件となり，数 100 m 規模の移動現象として西向きに約 1.4 倍の速度で伝播し，沿岸漂砂の阻止による数 km 規模の拡散現象としての汀線変化に重なることが解明された．

§2．砂浜海岸の構造物，その侵食と堆積への影響

砂浜海岸の侵食要因については，宇多[6)] は次の 6 項目をあげている．即ち，①沿岸漂砂の連続性の阻止，②波の遮蔽域形成，③深海への土砂流出，④供給土砂量の減少，⑤浚渫・土砂採取，⑥地盤沈下である．しかし，ここでは主題として砂浜海岸の構造物に着目しているので，初めの 2 項目のみを取上げることにする．

2·1　沿岸漂砂の連続性の阻止

沿岸漂砂が卓越する海岸において，防波堤，導流堤，埋立て護岸あるいは突

堤などの沖向きに突出した不透過構造物が設置されると，図 2･11 の模式図に示すように，沿岸漂砂の一部または全てが遮断されることによって構造物の下手側海岸で侵食が生じる．突出構造物の長さが短い場合には，沿岸漂砂は構造物の設置直後には阻止されるが，上手側の堆積区域に十分堆積すると，沿岸漂砂は構造物の先端を回り込んで沿岸漂砂の下手側へと流出し，港湾や漁港にあっては航路埋没を引き起こす．これについて宇多[7]は次のように述べている．

この原因による海岸侵食は全国に多数見られる．沿岸漂砂を阻止する構造物の下手側で生ずる侵食に関する根本問題は，地先における局所的な侵食問題ではなく，漂砂の連続性が断たれたことによって侵食域が絶えず広がりを示すことである（図 2･11）．上手側からの漂砂の供給が途絶えると，侵食域は時間経過とともに下手方向へと拡大する．その場合，わが国においては種々の侵食対

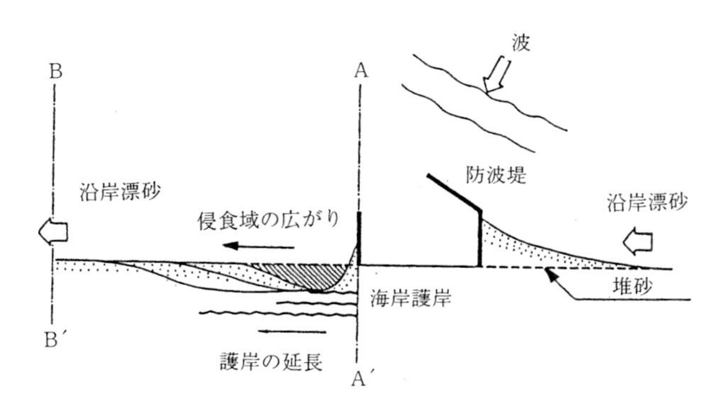

図 2･11　沿岸漂砂の連動性の阻止に伴う海浜変化[7]

策は，侵食が進み始めてから行われるのが常であり，しかも人工的に土砂を運搬する方法（サンドバイパス）が行われることは稀であって，海岸護岸や消波工などを設置する方法がとられるため，侵食範囲が広がるとともに構造物の設置範囲も拡大し，自然の砂浜は次第に消失することになる．この結果，何年か経過すると，元々の砂浜海岸は護岸や消波工によって覆われてしまう．

ここで注目すべき点として，コンクリート製の固い構造物が造られ，そこで波が強く反射されるようになった結果として前浜が消失したのではなく，主として沿岸漂砂の上手側から供給される土砂量が途絶えて減少したために砂浜が

消失した点である．即ち，図 2・11 において，矢印で示す沿岸漂砂は元来は上手側から下手側へと連続していたものであるが，海岸構造物 A-A′ 断面からの漂砂供給がほぼなくなった時，B-B′ 断面からは過去と同量の土砂が流出すれば，土砂量の連続関係よりAB 区間全体の土砂量は減らざるを得ない．このような海岸では種々の海岸構造物を造っても砂浜を再び取り戻すことは不可能である．

2・2　構造物による波の遮蔽域形成

波が海岸線に対してほぼ直角方向より入射する海岸では，海域に設置された大規模な防波堤や人工島（ポケットビーチなどのように海岸の規模が小さい場合には，小規模な構造物でも該当する）の背後では，図 2・12 (a) に示すように波の遮蔽域が形成されることにより，岸近くで波の遮蔽域外から遮蔽域内へと沿岸漂砂により土砂が移動し，防波堤の背後では土砂が堆積する．また，図 2・12 (b, c) に示すように，海岸線への法線に対して反時計回り及び時計回りの方向より波が入射する場合，斜め防波堤の背後では図 2・12 (d) に示すように波の入射方向が季節的に変動する毎に波の遮蔽域内に土砂が溜まり，波の入射方向が反転しても遮蔽域外に出られなくなる．

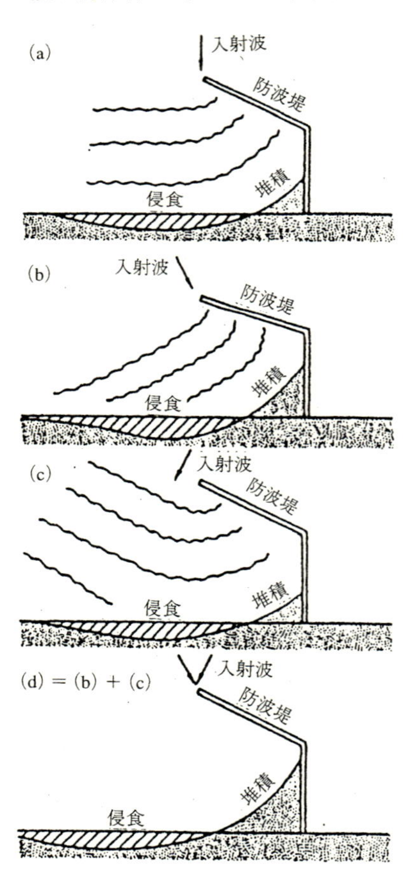

図 2・12　防波堤による波の遮蔽域形成に伴う堆積と侵食[6)]

沿岸漂砂により運ばれた土砂は一般に港内に堆積し，また，遮蔽域内に移動した土砂は波の作用により遮蔽域外へ移動することができなくなる．各地に建設される防波堤の規模が大きくなるとともにこの種の原因によって生じる海岸侵食の例が目立って増えている．

特に，ポケットビーチや延長の長い海岸の端部に防波堤が建設される時にこの種の侵食が起きることが多い．

防波堤背後域での汀線は，構造物が造られたことによる波の入射方向の変化に対応して，各点毎の汀線が波の入射方向にほぼ直角になろうと変形を続けるから，例えば図 2·12 で防波堤背後の堆積土砂を浚渫すると，再び左側の区域から波の遮蔽域へと沿岸方向に土砂が移動し，隣接域では侵食が激化するのである．これについても宇多[7]は更に次のようにコメントしている．

このような条件では，隣接する 2 つの地区において一方は激しい侵食に悩まされ，他方は堆砂が問題となる．本来，この種の原因による海岸災害を防ぐには，大規模な防波堤の建設工事と同時に沿岸漂砂の移動を阻止する防砂突堤などが造られるべきであるが，実際には侵食が生じ始めてから工事が始められ，あるいは防砂突堤が造られるとしても防波堤の遮蔽域にあって十分機能を発揮できないことが多い．このため海岸侵食を根本的に防止することはできず，対策は後追い的となる．また，侵食域はかなり広範囲に及ぶから，その中に海岸管理境界があることが殆どである．この場合，管理主体が異なるために対策は思うように進まなくなる．更に，海岸線が後退した時の対策も護岸が用いられることが多く，この場合，前面水深が次第に増加するため結局消波工が前面に置かれ，自然の砂浜は失われてしまう．

他の側面として，土砂が堆積した港湾では，その土砂は浚渫されて他の用途に転用されるか，埋立地として利用されてしまう．これらの行為は，結局海浜土砂の損失を招く．しかもその量がその海岸での沿岸漂砂量に対して無視できない大きさである場合，土砂の損失は海浜の保全に重要なインパクトを与える．

§3. 海浜の縦断形状

先ず初めに「砕波帯」について，海岸工学分野で一般的に用いられている定義を述べておくことにする．

図 2·13 は，砂浜海岸のような海浜の典型的な縦断形状であり，各部の名称とその範囲を示している．領域としては沖浜の沖浜帯（offshore zone）と外浜と前浜からなる nearshore 帯（nearshore zone）に 2 分されるが，後者は更に沿岸砂洲を形成する砕波点近傍の砕波帯（breaker zone）とそこから外浜陸

端部までの砕波減衰領域となる磯波帯（surf zone）及び波の打上げ・打下げする前浜領域の波打ち帯（swash zone）に 3 分される．しかし，砕波帯と磯波帯は両者を合わせて砕波帯と呼ぶこともあるし，シンポジウムの話題提供や討論時に出てくる「砕波帯」の言葉もこういう意味で使われている例が多かったように思われるが，仔稚魚の生息場を問題にしていることからすればむしろ磯波帯の方を指しているかとも思われる．

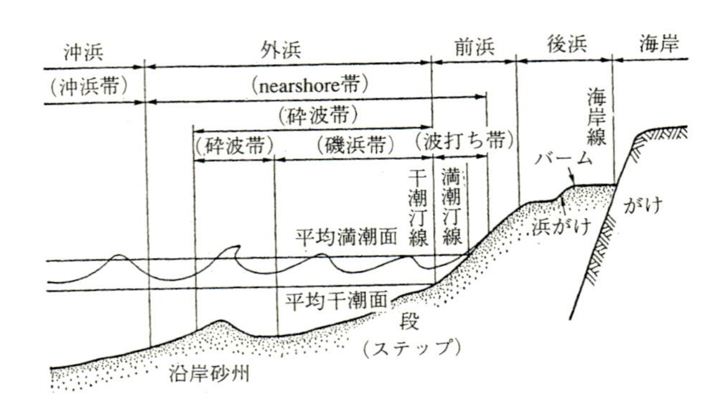

図 2･13　海浜縦断形状各部の名称[8)]

ここで，図 2･13 は一種の概念図であり，決して固定化されたものではなく，現実的にはむしろ時・空間的に常に変動しているものである．

実際の海の波は種々の波高・周期成分からなる不規則波であり，また波向きも変るので砕波点や砕波形式も変るし，したがって，縦断地形も一定したものではない．例えば，冬型で侵食性の暴風海浜では砕波帯に沿岸砂洲（バー）が形成され，夏型で堆積性の正常海浜では段（ステップ）が形成されやすいというように季節的にも変動する．また，「§1．海岸侵食の波動・拡散性」で見たように，汀線の二次元的な空間波形が沿岸漂砂の方向に移動するとともに，当然のことながら汀線に連なる海浜の縦断形状も変動していることが理解されるであろう．即ち，波・流れによる漂砂によって海浜の三次元的地形変化が起こり，その結果として数 100 m から数 km 規模の汀線変化の空間波形が，年単位でみると明瞭に現れることになる．

最後に，砂浜海岸を含む自然海岸，半自然海岸と人工海岸などについて，ここでは簡単にその分類の仕方だけを述べておくことにする．

自然海岸とは，図 2·13のように海浜の中に人工構造物が何もない海浜のことであり，この定義は砂浜海岸とは限らず泥浜海岸や岩石・岩礁海岸でも同じである．

半自然海岸とは，図 2·13 のような海浜中の前浜を除く後浜か外浜または沖浜の何処かに人工構造物が設置されている場合の海浜である．特に前浜の潮間帯に構造物がないことが要点である．

人工海岸とは，前浜の潮間帯に人工構造物が設置されていて，構造物の背後は（後浜の有無とは無関係に）陸地化し，前面は直ぐに海面だけになっている海浜のことであり，要は「浜」がなくなって汀線が陸海の境界線になっている海岸である．これは埋立てや干拓による場合に限らずに，海岸保全施設として近年増加してきたことがむしろ問題なのである．

文　献

1）土屋義人：海岸侵食の波動性について（1）―静岡海岸の場合―，海岸工学論文集，42，1995，pp.551-555.

2）豊島　修・高橋　彌・鈴木　勲：静岡海岸の侵食特性について，第 28 回海岸工学講演会論文集，1981，pp.261-265.

3）宇多高明・鈴木忠彦・大石守信・山本吉道・板橋直樹：静岡海岸の沿岸漂砂量およびその分布型の評価，海岸工学論文集，41，1994，pp.536-540 .

4）静岡県：静岡海岸高潮対策測量調査，1994.

5）土屋義人：海岸侵食の波動性について（2）―下新川海岸の場合―，海岸工学論文集，43，1995，pp.586-590 .

6）宇多高明：日本の海岸侵食，山海堂，1997，pp.400-406.

7）宇多高明：沿岸海洋研究ノート，29（2）1992，pp.159-168（1992）.

8）服部昌太郎：海岸工学，コロナ社，1987，pp.8-9.

II．他の生息圏との比較および関係

3．砂浜海岸と垂直岸壁の比較

日 下 部 敬 之 *

砂浜海岸における仔稚魚群集研究の歴史は浅く，なかでも目合いの細かいネットを用いた研究は，比較的最近になって始められたものである．しかしそれらの研究[1~7]により，多くの魚類の仔稚魚が砂浜汀線付近を重要な生活場所としている様子が徐々に明らかになってきた．ところが，砂浜海岸は遠浅で埋立てが容易であるため，近年の沿岸開発の進行とともに減少し，垂直岸壁や消波ブロック護岸などの人工海岸へとその姿を変えつつある．筆者が研究フィールドとしている大阪府の海岸線も，1930 年代には砂浜が大部分を占めていたものが，現在では総延長のうち実に 68.8％が垂直岸壁で，22.4％が消波ブロックで覆われている[8]．このような現状の下で，海岸形状の変更が魚類に与える影響を明らかにすることが強く求められている．しかしながら，垂直岸壁や消波ブロック護岸などにおいては，今に至るまで魚類幼稚仔についての調査研究は行われていない．

一方，砂浜海岸での研究においても，仔稚魚の出現状況は明らかになりつつあっても，その生態的意義はいまだに明らかになっていないのが現状である．その解明のための一つの方法として，砂浜以外の海岸において仔稚魚群集を調査し，両者の出現状況の違いを，環境条件の相違点と照し合わせながら考察するというアプローチも有効ではないかと思われる．これらの観点から，筆者らは大阪湾南部の海岸の垂直岸壁で魚類の採集調査を行い，その結果を砂浜海岸のそれと比較した[9, 10]．現在までに得られている知見はごく限られたものではあるが，本稿ではその結果を中心に紹介する．

* 大阪府立水産試験場

§1．調査方法

垂直岸壁には様々な構造のものがあるが，代表的なものは図 3･1 に示す混成堤と呼ばれるタイプである．この図は防波堤の構造を示しているが，護岸として用いられる場合でも基本的な構造は変わらない．垂直岸壁はその名のとおり垂直な岸壁によって海と陸が隔てられており，汀線の直下ですでに数 m（大型船舶用の岸壁では 10 m 以上）の水深がある．このような海岸では，通常砂浜海岸でみられるような水深の減少による砕波が起こらないので，砕波帯は存在しない．また断面構造の違いにより，砂浜海岸と同一の採集具を使用することは困難である．これらの理由により，条件を揃えて両者を定量的に比較することは難しいため，垂直岸壁では砂浜と異なった採集方法を用い，定性的な比較をすることを目的とした．

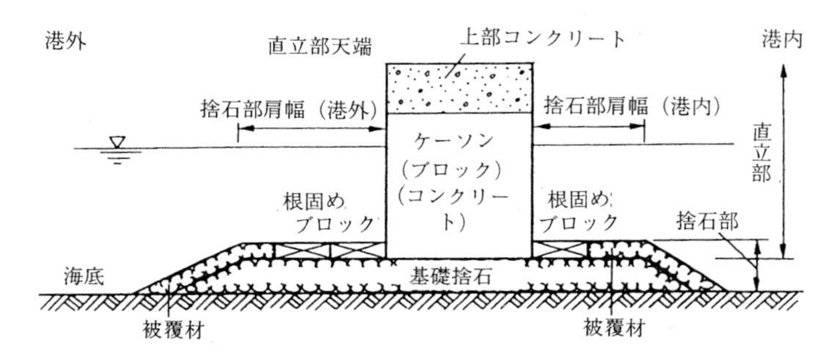

図 3･1　垂直岸壁（混成堤）の構造および各部の名称（土木学会（編）土木工学ハンドブック[11] による）

今回調査を行った場所は，大阪湾の湾口部に位置する大阪府岬町の海岸の垂直岸壁である．この岸壁は，砂の堆積によってできた小さな入江の入口に作られたもので，岸壁の周囲の海底は砂質である．しかし，周辺の海域は狭い範囲に磯浜や転石浜，砂浜が混在する複雑な海岸地形となっている．岸壁の壁面は平坦で，スリットなど消波のための構造はもっていない．また底部には捨石が敷いてある．用いた採集具は 1 辺が 1 m の正方形の枠に目合いが 1 mm の網地を四角錘形に張った方形ネットで，これを海底（水深約 3 m）から海面まで，護岸の壁面にネットの一辺を沿わせながら鉛直に引き上げて魚類を採集した．1 回の調査につき 4 回ずつ反復採集を行った．調査は 1991 年 5 月からの 1 年間に毎月 2 回計 24 回，いずれも日没後に行った．採集を日没後に行ったのは，この調査に先立って行った 24 時間調査の結果，垂直岸壁では夜間に種数，個体数とも増加する傾向がみられたためである*．比較対象のデータには，辻野らの調査結果[12, 13]を用いた．これは今回の調査地点から 400 m ほど離れた海岸で，小型曳き網（長さ 4 m，丈 1 m，目合い 1 mm）を用いて週 1 回の頻度で行われた魚類採集調査であるが，3ヶ所の曳網場所のうち砂浜海岸について 1 年間分のデータを抽出し，今回の結果と比較した．

§2．調査結果の概要

2･1 優占種

垂直岸壁での 1 年間の調査によって，5 目19 科 29 種以上 395 個体の魚類が採集された（表 3･1）．最も多く出現したのはハオコゼで，153 個体採集された．次いでメバルの 95 個体，カサゴの 39 個体，ギンポの 11 個体，サラサカジカおよびコモンフグの 10 個体の順であった．目レベルでみるとカサゴ目の魚類が 320 個体で，全個体数の 81％を占めていた．また，カサゴ目に属さない種も含めて，ほとんどが岩礁や藻場に生息するとされている種であった．つぎに，これら垂直岸壁の優占種を砂浜海岸のそれと比較するために，表 3･2に両者の個体数上位 10 位までの種の対照表を示す．砂浜海岸ではセスジボラ，メジナ，クロサギ，クロダイ，シロギス，アユなどが多く出現しており，両者の優占種はほとんど重複していない．また，片方では優占種でありながら，他方では全く出現していない種も多くみられる．辻野ら[14]はこの大阪湾南部の砂浜海岸の優占種が，土佐湾の砂浜砕波帯における出現種と極めてよく一致していることを指摘しているが，海域が異なっても海岸形状が同じである方が，同一海域で異なった海岸形状であるよりもはるかに優占種の共通性が高いことは非常に興味深い．なお，今回の調査海域は前述のように大阪湾の湾口部にあたるため，周囲には比較的岩礁が多いが，砂泥域に設置された垂直岸壁とそれに隣接する砂浜海岸で，同一採集具で行った比較調査においても，やはり垂直岸壁ではカサゴ目を中心とした岩礁性の魚類が多く出現している[9)]．

---

* 日下部ら，未発表

2・2　種組成の季節的変動

垂直岸壁と砂浜海岸における出現種数の季節変化を図 3・2 に，個体数の季節変化を図 3・3 に示した．垂直岸壁での調査頻度と揃えるため，砂浜海岸のデータは半月ごと 24 回分を抽出して用いた．種数については，両海岸とも春～秋季に多く，冬季に少ない傾向がみられ，また変動の幅も垂直岸壁が 1～11 種，砂浜海岸が 0～8 種で，あまり大きな差はみられなかった．個体数の季節変化も種数と同様に，両海岸とも夏季に多く冬季に少ない傾向がみられたが，その

表3・1　1991 年 5 月～1992 年 4 月に大阪湾南部の垂直岸壁で採集された魚類およびその個体数と出現回数（日下部ら[10]を改変）

目	科	種	個体数	出現回数
ニシン目	ニシン科	コノシロ	1	1
ナマズ目	ゴンズイ科	ゴンズイ	6	2
スズキ目	ボラ科	メナダ属 sp.	1	1
	ヒイラギ科	ヒイラギ	1	1
	クロサギ科	クロサギ	3	2
	タイ科	マダイ	1	1
		クロダイ	4	2
	スズメダイ科	スズメダイ	2	1
	ベラ科	ササノハベラ	1	1
		ベラ科 sp.	2	2
	ハゼ科	シマハゼ	2	2
		ミミズハゼ属 sp.	4	2
		ハゼ科 spp.	8	6
	イソギンポ科	イソギンポ	2	2
		ニジギンポ	1	1
		イソギンポ科 sp.	1	1
	タウエガジ科	ダイナンギンポ	1	1
	ニシキギンポ科	ギンポ	11	6
	ゲンゲ科	カズナギ属 sp.	1	1
カサゴ目	フサカサゴ科	メバル	95	13
		カサゴ	39	13
	ハオコゼ科	ハオコゼ	153	19
	アイナメ科	クジメ	7	6
		アイナメ	1	1
	カジカ科	サラサカジカ	10	8
		キヌカジカ	9	5
		アサヒアナハゼ	6	5
フグ目	カワハギ科	カワハギ	3	2
		アミメハギ	9	6
	フグ科	コモンフグ	10	5

表3･2　垂直岸壁と砂浜海岸の優占種の比較（日下部ら[10]を改変）
（カッコ内は同種ではないかと考えられるもの，NR は出現していないことを表す）

種名	垂直岸壁 順位	N＝395 %	砂浜海岸 順位	N＝2212 %
ハオコゼ	1	38.73	23	0.15
メバル	2	24.05	14	0.15
カサゴ	3	9.87	NR	
ギンポ	4	2.78	NR	
サラサカジカ	5	2.53	NR	
コモンフグ	5	2.53	NR	
キヌカジカ	7	2.28	NR	
アミメハギ	7	2.28	13	0.50
クジメ	9	1.77	16	0.23
ゴンズイ	10	1.52	6	2.58
アサヒアナハゼ	10	1.52	29	0.05
セスジボラ	(21)	(0.25)	1	42.99
メジナ	NR		2	10.40
クロサギ	13	0.76	3	10.13
クロダイ	12	1.01	4	9.22
シロギス	NR		5	5.20
アユ	NR		7	2.40
ヒメハゼ	NR		8	1.99
コノシロ	18	0.25	9	1.67
ミミズハゼ	(13)	(1.01)	10	1.49

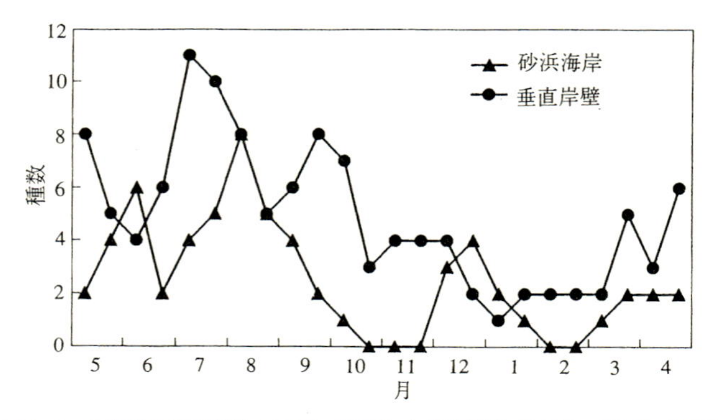

図3･2　大阪湾の砂浜海岸（1986～1987）と垂直岸壁（1991～1992）における出現魚類の種数の季節変化（日下部ら[9]および辻野ら[12,13]による）

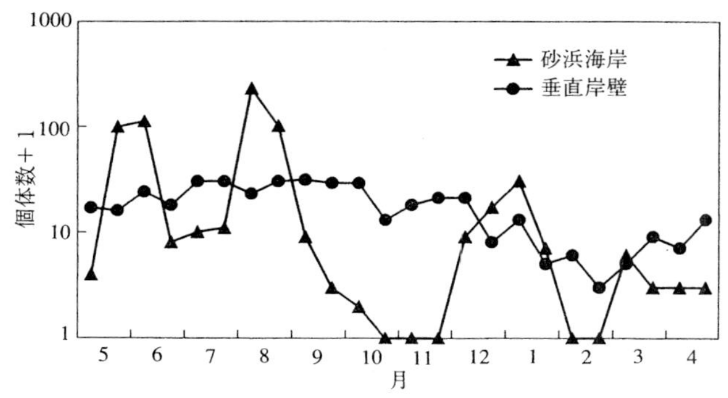

図 3･3　大阪湾の砂浜海岸（1986～1987）と垂直岸壁（1991～1992）における出現魚類の個体数の季節変化（日下部ら[9]および辻野ら[12, 13]による）

変動の様子は垂直岸壁と砂浜海岸で大きく異なっていた．すなわち，垂直岸壁では 2～30 個体の範囲で比較的安定していたのに対し，砂浜海岸においては 0～231 個体と変動の幅も大きく，また短期間で激しく変動していた．

そこで，次に両者の種組成の経時的安定性を調べた．図 3･4 は垂直岸壁と砂浜海岸のそれぞれについて，1 回目の調査と 2 回目の調査の間，2 回目と 3 回目の間というふうに，隣り合う調査日の間の種組成類似度（Kimoto の Cπ 指数[15]）を計算して，その季節変化をグラフにしたものである．なお，この指数は比較するグループのどちらかの個体数が 0 の場合には値が求まらないが，こ

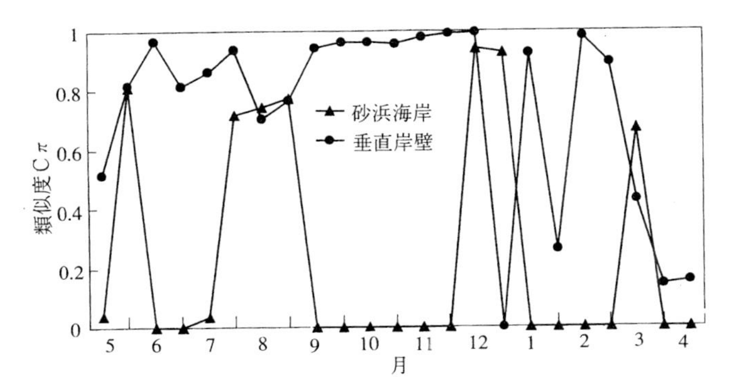

図 3･4　大阪湾の砂浜海岸（1986～1987）と垂直岸壁（1991～1992）における魚類種組成の経時的安定性（日下部ら[10]および辻野ら[12, 13]による）

こでは両グループの種組成に類似性がないという意味で，便宜上0としている．その結果，砂浜海岸においては隣り合う調査日間の類似度は全般に 0 に近い低い値をとることが多く，時折パルス的に高い値を示しても，それが持続する期間は最長で 1ヶ月半ほどであった．したがって，似通った種組成が継続するのはその程度の期間であると考えられる．木下[16]も，土佐湾での調査結果から砂浜砕波帯の優占魚種が約 2ヶ月で交代すると述べているので，このような短い期間での種組成の移り変わりは，砂浜海岸の魚類群集に共通した特徴なのであろう．それに対して垂直岸壁では，逆に 1 に近い高い値を示すことが多く，また高い値が長期間にわたって持続する（すなわち，似通った種組成が長期間持続する）という違いが見られた．このことは，砂浜海岸の魚類群集には一時的滞在種が多いのに対して，垂直岸壁には定住種が多いことを示している．なお前掲の表 3·1 で，ハオコゼの出現回数が全調査 24 回のうち 19 回，メバルとカサゴがそれぞれ 13 回，ギンポが 6 回，サラサカジカが 8 回など，優占種は出現回数も多かったことからも，垂直岸壁の種組成が安定していることが伺われる．

2·3 出現種の発育段階

垂直岸壁の最優占種 3 種の全長の季節変化を図 3·5 に示した．ハオコゼはほぼ周年にわたって出現したが，全長は 7.7～49.4 mm の範囲であり，夏から冬にかけて季節の推移に伴う稚魚の成長が顕著に認められた．メバルは 5～11 月および翌年の 4 月に出現したが，最小は 24.8 mm，最大は 113.2 mm であり，24.8～81.2 mm の範囲の当歳魚と思われる個体と，100 mm あまりの 1 歳魚と思われる個体[17]が出現していた．当歳魚の全長には 4 月から 7 月にかけて成長がみられた．カサゴは個体数はそれほど多くないもののほぼ周年にわたって出現したが，3 mm 前後の産まれた直後の個体が 1～5 月に出現したほかは，すべて 50 mm 以上の個体であり，両者の中間のサイズの個体は出現しなかった．なお，最小個体は 2.8 mm，最大個体は 124.3 mmであった．このように最優占種 3 種では，出現個体の全長範囲は比較的広く，しかも小さなサイズの個体の出現が少なかった．この傾向はこれら 3 種にとどまらず，垂直岸壁に出現した魚類に広く共通してみられた特徴であったので，優占順位の上位 10 位までの種 355 個体についてその発育段階を調べた．その結果，前述のカサゴ仔魚 20 個体以外の 335 個体は，すべて変態を終了した稚魚以上の発育段階であった．すなわち，魚類は変態を終えて稚魚期に入ってから垂直岸壁を訪れ，そこで彼らの生活史の比較的長い期間を過ごすものと考えられる．

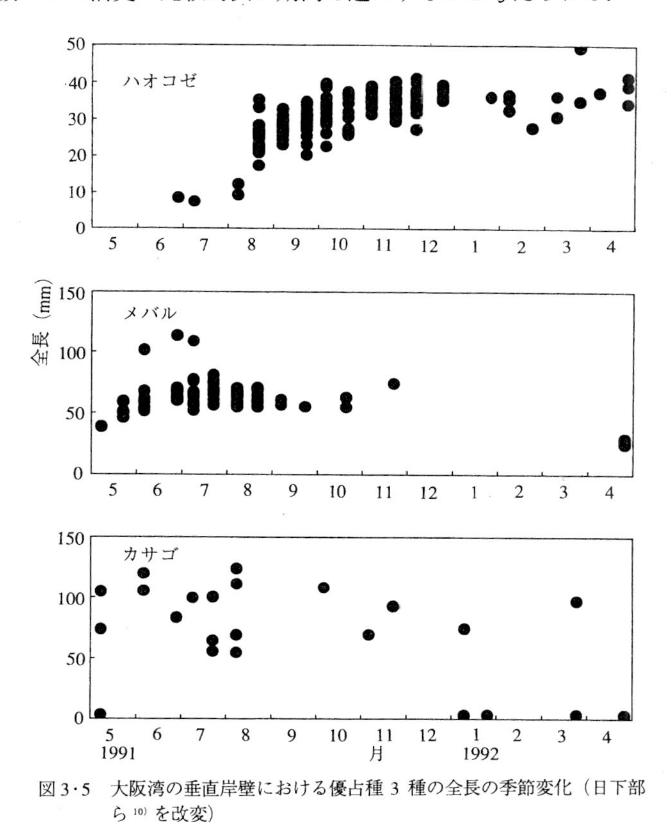

図 3･5 大阪湾の垂直岸壁における優占種 3 種の全長の季節変化（日下部ら[10] を改変）

一方，砂浜海岸の魚類群集について木下[5] は，仔魚から稚魚への移行期のものが多く見られることがその最大の特徴であると述べている．また今回比較に用いた大阪湾南部の砂浜海岸についても，辻野ら[14] は出現個体の大きさが概ね土佐湾での結果と一致していたと述べている．仔魚から稚魚への移行期は，多くの海産魚類にとって摂餌開始期と並ぶ大きな生理的・生態的転換期であり，鰭が完成し遊泳力が一段と増加するとともに，消化系などの内部器官もそれまでの未発達なレベルから質的に成魚の基本型へと発展し，さらには生活様式も成魚のそれに近いものに変化する時期である[18, 19]．したがって，稚魚期以降の魚類が多く出現する垂直岸壁は，仔魚から稚魚への移行期の魚類が多く出現する砂浜海岸とは，仔稚魚の生活圏としての役割が質的に異なっていると考えられる．

§3．仔稚魚にとっての砂浜海岸と垂直岸壁

木下*は砂浜海岸に出現する魚類を，その分布様式から「表層回遊型」と「底生滞在型」の 2 タイプに分類している．それによれば前者は両側回遊魚が大部分であり，おもに仔魚から稚魚への移行期（変態期）に集中的に砂浜域に出現して，ごく短期間をそこで過ごした後に河口域など他の生息圏に移動するもの，後者は比較的長い期間砂浜海岸の汀線付近に留まり，そこを成育の場として利用するものである．さきに砂浜海岸の出現魚類には仔魚から稚魚への移行期にあるものが多く，季節的に優占種の入れ替わりが激しいと述べたが，これは砂浜海岸においては表層回遊型に属する魚類が相対的に多く，それらが季節的に交代しながらこの海域を利用していることを示している．一方，垂直岸壁ではカサゴ目を中心とした岩礁性の魚類が多く見られ，全長範囲は広く，その種組成は長期間にわたって安定していた．これは垂直岸壁の魚類の大部分が底生滞在型であることを示している．しかも，砂浜海岸の底生滞在者は変態期から出現するものが多いのに対して，垂直岸壁でのそれは稚魚期に入ってから出現が始まっている．これらのことから，垂直岸壁はカサゴ目を中心とした底生滞在者の稚魚期以降の生息場所としての機能は有しているが，砂浜海岸において特徴的な「浮遊期から新たな生活期へと生活様式が転換する際の準備室[5]」としての役割は弱いと考えられる．

それでは，なぜ両者にはこのような違いが生じているのだろうか．現時点では実証的なデータが全く不足しているが，関連があるのではないかと推測される二，三の点について以下に述べる．

砂浜海岸では大型魚が汀線付近の浅所に出現することは少ないが，垂直岸壁のごく近くをマサバやマアジなどが遊泳している姿は普通に見受けられる．スズキなども成魚が垂直岸壁の周囲に好んで生息することが知られている．また，

* 本書第 11 章参照

今回の調査においても，仔稚魚を捕食する可能性のあるサイズのカサゴやメバル[20, 21]が採集された．これらのことから，垂直岸壁は砂浜海岸よりも汀線付近における大型魚の生息数が多く，仔稚魚に対する捕食圧に差があると思われる．この差は主に両海岸の水深の違いに起因していると考えられるが，そのように捕食者の多い垂直岸壁では，鰭が未完成で遊泳能力の乏しい変態期の仔魚は，彼らの餌となりやすいのではないだろうか．さらに，魚体の色と背景の適合も重要な問題であろう．砂浜海岸の水中では背景色は単調な淡い色であり，静穏時でも砕波による砂の巻き上げや泡の発生が見られる．そこでは変態期の仔魚の，まだ色素が未発達で透明に近い体色が効果的な保護色となっていると考えられる*．しかし垂直岸壁では静穏時には泡の発生は起こらず，背景色は付着生物のため濃色で多彩である．垂直岸壁の優占種はいずれも濃い褐色系の斑紋をもっており，しかも体表に色素の現れる稚魚期以降に出現しているので，このような垂直岸壁の背景にうまく溶けこんで，捕食者の目を逃れるのに役立っていると思われる．

一方，砂浜海岸と垂直岸壁ではその餌料環境も大きく異なっていると考えられる．垂直岸壁の表面には，アオサなどの藻類や，ムラサキイガイ，マガキ，フジツボなどが着生し，さらにそれらの表面や間隙に，端脚類や多毛類などが多く生息している．その点では，垂直岸壁は岩礁海岸と似ているといえよう．今回の研究では垂直岸壁の魚類の食性調査は実施されていないが，例えばカサゴ，メバルでは，今回垂直岸壁に出現したサイズではすでにプランクトンから匍匐性の甲殻類へ，食性が転換していることが報告されている[21, 22]．他の魚類も上述のような環境の下で，付着，匍匐性の生物を餌料として活用しているものが多いことが推察される．一方，木下[16]は砂浜海岸の優占種であるヘダイ亜科 3 種（クロダイ，ヘダイ，キチヌ）の仔稚魚の食性を調べ，それらが浮遊性のかいあし類を主餌料としていたと報告している．砂浜海岸では，基質である砂が流れや波浪によって絶えず移動するため，付着生物相が発達しにくいが，このことはそれらの仔稚魚が変態を終えると砂浜を離れること，および変態後には浮遊性から底生性の生物へ食性の転換がみられること（例えばクロダイでは，体長 20 mm 以上でかいあし類の摂餌率が低下し，ヨコエビ類の率が上昇

---

* 本書第 10 章参照

する[23]）と何らかの関連があると思われる．また，木下[16]は同時に砂浜海岸の浮遊性かいあし類密度についても調査し，それが春～夏季に増加し，秋～冬季に減少すると述べているが，砂浜海岸における仔稚魚の個体数季節変化（図3·3）と合わせて考えたとき，非常に興味深い問題である．垂直岸壁についても餌料生物の季節的消長を調べれば，両海岸における魚類出現個体数の季節変化を考える上での参考になるのではないだろうか．

本稿では砂浜海岸と垂直岸壁の魚類群集の違いについて検討してきた．垂直岸壁その他の人工海岸では，仔稚魚の出現状況についての知見自体絶対的に不足しているのが現状であるが，上に述べたような視点から両者の差異の検討を行うためには，今後は単なる出現状況調査にとどまらず，仔稚魚の食性，餌料生物，捕食動物，汀線付近の海水流動などについての調査も同時に進める必要があろう．また，コンクリート緩傾斜海岸などでの調査も，仔稚魚の出現と環境要因の関係を整理するために有効ではないかと考えている．稚仔魚の採集手法については，海岸の構造が採集方法を制約してしまうことが，採集具の統一や定量比較を非常に困難にしている．この点については，魚礁などの調査で多用されているライントランセクト法などの目視観察を導入することも必要であろう．

文　献

1）T. Modde : *Gulf Res. Rep.*, 6, 377-385 (1980).

2）T. Modde and S. T. Ross : *Fish. Bull.*, 78, 911-921 (1981).

3）T. Senta and A. Hirai : *Jpn. J. Ichthyol.*, 28, 45-51 (1981).

4）T. Senta and I. Kinoshita : *Trans. Am. Fish. Soc.*, 114, 609-618 (1985).

5）木下　泉：海洋と生物, 6, 409-415 (1984).

6）藤井徹生・首藤宏幸・畔田正格・田中　克：日水誌，55，17-23 (1989).

7）Subiyanto, I. Hirata and T. Senta : *Nippon Suisan Gakkaishi*, 59, 1121-1128 (1993).

8）睦谷一馬・矢持　進・鍋島靖信・有山啓之・日下部敬之・佐野雅基：大阪府下における渚の実態，渚の環境構造とその役割に関する調査研究報告書，大阪府立水産試験場・近畿大学，1993，pp.1-12.

9）日下部敬之・睦谷一馬・佐野雅基・矢持　進・鍋島靖信・有山啓之：垂直護岸と砂浜における魚類幼稚仔の出現特性，同誌，pp.13-25.

10）日下部敬之・佐野雅基・矢持　進・鍋島靖信・有山啓之・唐沢恒夫：水産増殖，42，121-126 (1994).

11）土木学会編：土木工学ハンドブック，技報堂出版，1989，p.1611.

12）辻野耕實・安部恒之・日下部敬之：昭和 61

年度大阪水試事報，82-87（1988）．
13） 辻野耕實・安部恒之・日下部敬之：昭和 62 年度同誌，75-80（1989）．
14） 辻野耕實・安部恒之・日下部敬之：大阪水試研報，9，11-32（1995）．
15） S. Kimoto : *Esakia*, 6, 27-54（1967）．
16） 木下　泉：*Bull. Mar. Sci. Fish., Kochi Univ.*, 13, 21-99（1993）．
17） 横川浩治・井口政紀・山賀賢一：水産増殖，40，235-240（1992）．
18） 福原　修：海洋と生物，6，184-190（1984）．
19） 田中　克：消化器官，稚魚の摂餌と発育（日本水産学会編），恒星社厚生閣，1975，pp.7-23.
20） 畑中正吉・飯塚景記：日水誌，28，5-16（1962）．
21） 横川浩治・井口政紀：水産増殖，40，131-137（1992）．
22） E. Harada : *Publ. Seto Mar. Biol. Lab.*, 10, 307-361（1962）．
23） 福田富男・土屋　豊：南西海区ブロック内海漁業研報，16，79-88（1984）．

4．砂浜海岸と河口域浅所との比較

藤　田　真　二*

土佐湾には随所に立地の異なる砂浜海岸があり，これらの幾つかでは既に仔稚魚の出現に関する詳細な研究が行われてきた[1~5]．これら砂浜海岸に出現する仔稚魚の多くは広塩性の海産魚や通し回遊魚であり，それらは，塩分の低い砂浜海岸で量的に多く出現する傾向が認められる[6]．このことは，これらの仔稚魚が陸水の流入と強く関連していることを示しており，淡水と海水が接する河口域に出現する仔稚魚との比較はその関連性を検討する上で重要と考えられる．

土佐湾に注ぐ四万十川は，河口部に形成された砂嘴により河口開口部が狭く，陸水の影響を強く受ける河口内と海域との境界が明瞭である．さらに，河口内には自然の状態に近い河岸が未だに多く残されており，河口域本来の姿を留めたわが国では数少ない水域といえる．

本章では主に高知県の土佐湾各所の砂浜海岸汀線域と，四万十川河口域の浅所との間で仔稚魚の出現状況を比較検討したい．

§1．砂浜海岸と河口域浅所の物理的環境

四万十川河口域浅所の 12 点および近傍の砂浜海岸の 3 点で 3 年間毎月 1 回観測した結果に基づき，水温と塩分の季節変化を図 4･1に示す．河口域浅所では砂浜海岸に比べ水温変動が大きく，気温の影響が強く及んでいることが分かる．特に秋季から冬季にかけての水温が砂浜海岸に比べ大きく低下することが特徴的である．塩分に関しては両者の差はさらに大きく，年間を通じて河口域浅所の値が明らかに低い．春季から夏季の豊水期における河口域浅所の塩分は平均で 5 以下にまで低下し，表層ではほぼ淡水に近い状態にあるといえる．土佐湾中央部の砂浜海岸のような陸水の影響が及んでいる砂浜海岸については，一般的な沿岸域より低鹹ではあるが，3 地点における各月の平均塩分は 26 以

* 西日本科学技術研究所

上で推移し[5]，河口域浅所に比べ明らかに高い水準にある．

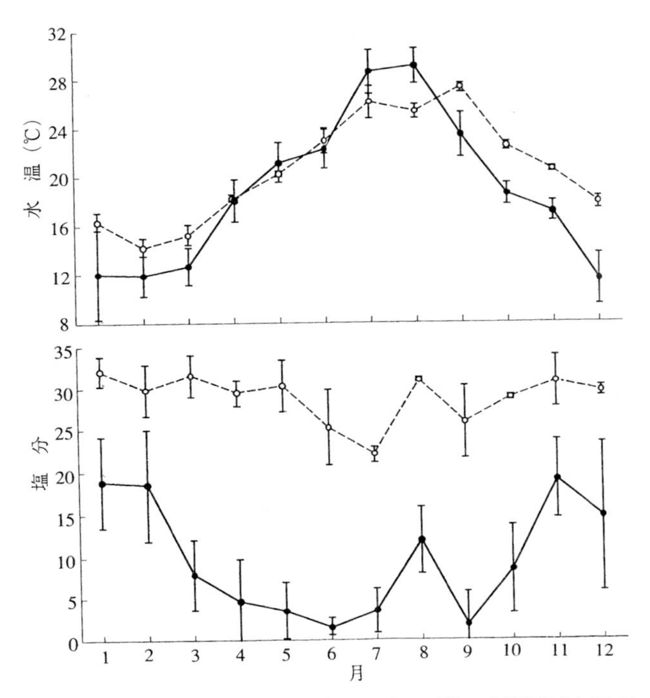

図4･1　四万十川河口域浅所（黒丸）および河口近傍の砂浜海岸（白丸）における水温と塩分の季節変化[7]．1985 年 7月～1988 年 6 月に毎月 1 回観測した値の平均を横棒で，標準偏差を縦棒で示す．

§2．仔稚魚相

河口域に出現する仔稚魚相に関する研究は，海外においては古くから行われ，多様な魚種の成育場として重要な水域となっていることが指摘されている[8~12]．これら研究は主に広大な河口域を有する北米の大西洋岸で行われてきた．この他，オーストラリアにおいても過去行われた仔稚魚相調査の大半が河口域に集中しており[13]，広い河口域がみられる地域を中心に実施されていることが分かる．一方，本邦では北九州の筑後川河口域でのスズキ仔稚魚の生態に関する研究[14, 15]の他，エツ[16]，アユ[17, 18]，シラウオ科魚類[19]，シロウオ[20]，イシガレイ[21]，アカメ[22]などの特定種については汽水域での出現に関しての報告が幾つかなされているが，そこでの出現種の組成を扱った包括的な調査例は少ない．

四万十川河口域では，浅所において小型曳網（長さ4 m，丈1 m，網目1 mm）により仔稚魚の採集を実施し，2 年間で 42 科 100 種以上の仔稚若魚を得ることができた[7]．その優占上位10種および土佐湾中央部の砂浜海岸汀線域で同様の方法により採集された仔稚魚の優占上位10種[5]を合わせて表4·1に示した．

表4·1 四万十川河口域浅所と土佐湾砂浜海岸汀線域に出現した仔稚魚の優占種の比較

採集個体数 魚種	河口域浅所[7] 49,101		砂浜海岸[5] 236,296	
	順位	%	順位	%
クロサギ	1	20.02	6	5.34
シマイサキ	2	12.43	10	0.89
キチヌ	3	8.51	7	2.93
マハゼ	4	7.74	21	0.13
ボラ	5	7.16	14	0.26
サツキハゼ	6	6.98	47	0.02
クロダイ	7	4.34	5	6.85
ハゼ科類	8	4.14	66	0.01
ヒナハゼ	9	3.48	93	＋
スズキ	10	3.38	56	0.01
アユ	11	3.24	1	39.54
コノシロ	57	0.03	2	20.39
セスジボラ	15	1.59	3	9.46
クサフグ	21	0.37	4	7.49
コトヒキ	14	1.63	8	1.35
サッパ	19	0.43	9	1.12

＋，0.005％未満

これをみると，クロサギ，シマイサキ，キチヌ，クロダイの 4 種が両水域とも 10 位内に入っており，この他，ボラ，アユ，セスジボラ，コトヒキ，サッパなども双方の水域に普通に見られる種といえる．このように，両水域に共通して出現する種は多く，その中心は海産沿岸魚である．この中にあって，アユは両側回遊を行う魚種として特異な存在といえる．アユ仔魚は河川を流下し，海域に出た後，砂浜海岸汀線域に集積することがこれまでの研究により明らかにされてきた[1, 23]．しかし，四万十川には海域に出ず，河口内で初期の生活を送り，春に河川へ遡上する集団が存在し[18]，熊野川河口域においても同様なことが確認されている[24]．

ここまで河口域と砂浜海岸との仔稚魚相の共通性をみてきたが，次に相違点に着目したい．表4･1 の中で，サツキハゼ，ヒナハゼ，スズキは河口域では比較的出現量が多く，優占上位に含まれるが，砂浜海岸での全出現量中に占める割合は極めて少ない．このように，河口域では砂浜海岸に比べハゼ科魚類が多様で，しかも量的に多いことが特徴的である．また，河口域にはスズキ仔稚魚は多いが，その近縁種であるヒラスズキはさほど多くなく，四万十川河口域での両者の出現量の相対比は 20 対 1 程度である[7]．一方，土佐湾における砂浜海岸でのスズキとヒラスズキ仔稚魚の出現量の相対比は 1 対 20 と逆にヒラスズキが多く[3]，河口域とは全く相反する関係にある．同属の種でありながら，スズキは低塩分な河口域を主成育場とし，ヒラスズキ仔稚魚はより相対的に塩分の高い水域である砂浜海岸を中心に分布している．

表4･1 のうち，コノシロは砂浜海岸に非常に多く出現するが，河口域では極めて少ない．しかし，その近縁種であるドロクイが河口域では比較的多く採集され[7]，これら両種にも成育場の塩分に差がみられる．

以上述べてきたように，河口域と砂浜海岸に出現する仔稚魚の種構成には多くの共通性があり，これは水域と陸域との境界部に接するごく浅所という環境の類似性に他ならない．一方，相違点に着目すると，両環境を隔てる大きな特性の一つである環境水の塩分の違いを反映したと思われるそれぞれに特徴的な出現種を見いだすことができる．

§3．仔稚魚のサイズと発育段階

ヘダイ，クロダイ，キチヌなどのヘダイ亜科に属する仔稚魚は砂浜海岸汀線域に数多く出現することが各地で確認されており，砂浜海岸を特徴づける種とされてきた[5, 25~26]．一方，前述したようにクロダイやキチヌは河口域においても多数採集される．

土佐湾の砂浜海岸においてはクロダイが春季，キチヌが秋季にそれぞれ出現する[5]．ここでの両者の出現期間はおよそ 3ヶ月にわたるが，この間採集される魚体サイズはほとんど変化しない．これら個体の発育段階は両種とも後期仔魚から前期稚魚までにあり，特に仔魚から稚魚への移行期にあたるものが多くを占めている．この結果は砂浜海岸での滞在期間が極めて短く，移行期にある個体の加入と離散が連続的に生じていることを示している．

このような現象はヘダイ亜科仔稚魚に限らず，砂浜海岸に出現する多くの魚種で確認されており [5]，当水域を生息圏としている仔稚魚群集に共通した大きな特徴の一つといえる．

一方，河口域浅所でのクロダイとキチヌ仔稚魚の出現状況をみると，出現の時期は砂浜海岸と大差ないが，その間には明らかな成長が認められる（図4·2）．

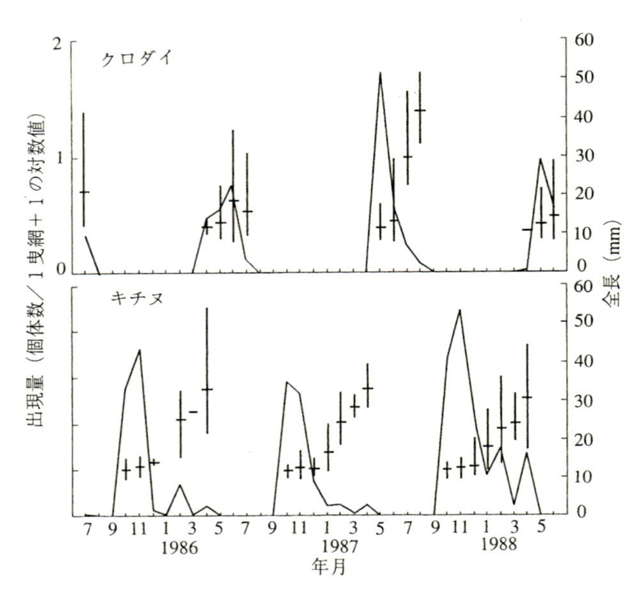

図4·2　四万十川河口域浅所におけるクロダイとキチヌ仔稚魚の出現量と全長の季節変化 [7]．縦棒と横棒はそれぞれ全長の平均と範囲を示す．

河口域浅所に加入する個体の全長はクロダイが 10～12 mm，キチヌはこれより多少大きく，12～14 mm 程度が中心である．これらのサイズは砂浜海岸に現れるものとよく一致しており，発育段階は仔魚から稚魚への移行期にあたる．その後，両種とも 50 mm 前後の若魚期までほぼ連続して採集される．つまり，河口域浅所では加入後，そこに滞在し，成長しているといえ，滞在期間が極めて短い砂浜海岸での状況とは大きく異なっている．このような砂浜海岸と河口域との間にみられる出現サイズの違い，すなわち滞在期間の差は，クロダイやキチヌのみならず双方の水域に共通して出現するクロサギやシマイサキなどにも同様にみられ[7]，両水域の果たす成育場としての役割に相違があることを示している．

木下[5]は砂浜海岸汀線域の成育場としての役割に関して，短期間ではあるが次の成育場へ導き，底生生活の準備を支える重要な場として位置づけている．このことは，一方で河口域には底生生活を送る次の成育場が存在していることを暗示している．四万十川河口域の浅所には緩流部を中心にコアマモ（*Zostera japonica*）の群落がみられる．この川のコアマモによって形成されたアマモ場は，これまで仔稚魚の成育場として研究対象とされてきた多くのアマモ場に比べ繁茂する水深帯が浅く，塩分範囲もかなり低いが，ここにも多くの仔稚魚が集合している．当河口域において，このようなアマモ場とコアマモの繁茂していない浅所（以降，非アマモ域とする）との間で，仔稚魚の出現状況を比較することは，砂浜海岸とその次の成育場との関係を解明する大きな糸口になると考えられる．

§4．河口域浅所にけるアマモ場と非アマモ域の関係

近縁種のスズキとヒラスズキについて，それぞれの出現量の多寡から前者が河口域を後者が砂浜海岸を主な生息圏としていると判断されることは先に述べた．同様に，このような河口域と砂浜海岸との間での両種の関係を河口域におけるアマモ場と非アマモ域との間でもみることができる．

河口域浅所に出現するスズキ仔稚魚は非アマモ域に比べアマモ場での採集量が明らかに多い（図 4·3）．特に，20 mm TL を超える個体でその傾向が強い．これに比べ，ヒラスズキは非アマモ域での出現割合が高く，砂浜海岸に出現する中心全長である 20 mm TL 以下ではその大半が非アマモ域で採集されている．ここでの非アマモ域の環境はその形状が勾配の緩やかな水際部であることで砂浜海岸と共通しており，砂浜海岸を主分布域とするヒラスズキ仔稚魚が河口域においても環境構造が砂浜海岸に近似する非アマモ域を選択した結果とも考えられる．

また，20 mm TL を超えるヒラスズキ稚魚はその多くがアマモ場で採集され，

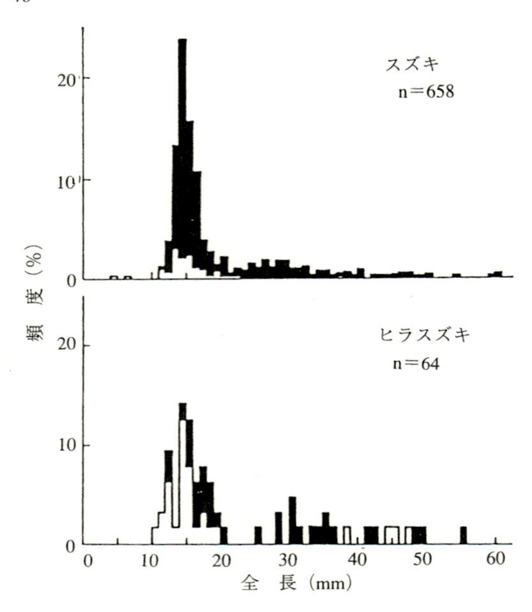

図4・3　四万十川河口域浅所のアマモ場と非アマモ域に出現したスズキとヒラスズキ仔稚魚の全長組成[27].

河口域において非アマモ域からアマモ場へ移住していると考えられる．Kinoshita and Fujita[3] は砂浜海岸に出現したヒラスズキは全長20 mm 前後で内湾のアマモ場などへ移住すると推定しており，河口域での非アマモ域からアマモ場への集合はこのことを支持していよう．

さらに，河口域におけるキチヌ仔稚魚の全長別分布状況からも非アマモ域と砂浜海岸との類似性をみることができる．図4・4 に示すように，キチヌの 15 mmTL 未満の個体はでは 80％以上が非アマモ域で出現している．しかし，

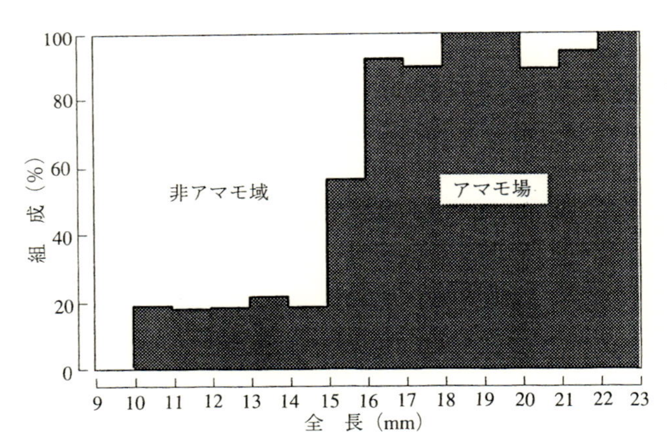

図4・4　四万十川河口域浅所で採集されたキチヌ仔稚魚のアマモ場と非アマモ域での全長段階別の1曳網当たりの出現個体数の割合[7].

その後はアマモ場へ集合し始め，16 mm TL 以上のキチヌではその 94％がアマモ場で採集された．一方，砂浜海岸で採集されるキチヌ仔稚魚をみると，13.1～14.0 mm TL にモードがあり，15 mm TL を超える個体の出現は希である（図 4·5）．このように，河口域の非アマモ域に出現するキチヌのサイズと砂浜海岸でのそれはほぼ一致している．これらのことは河口域の非アマモ域と砂浜海岸がキチヌの生活圏として同じような役割を果たしているとともに，その次の成育場がアマモ場であることを明示していよう．

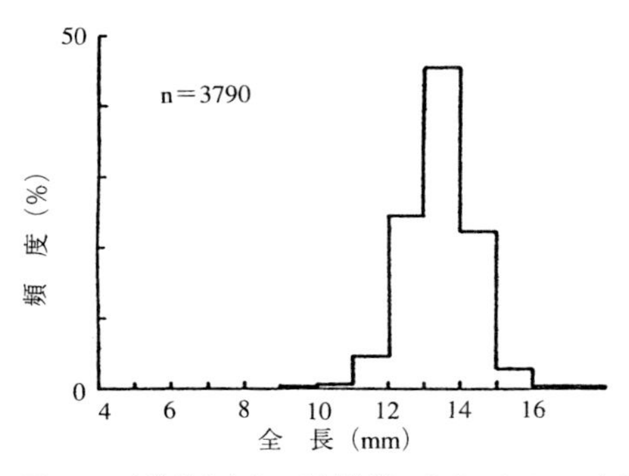

図 4·5　土佐湾中央部の砂浜海岸に出現したキチヌ仔稚魚の全長組成[5]．

アマモ場でありながら，ヘダイ亜科の仔稚魚が多く出現する地域[28～30]とほとんどあるいは全く採集されない地域[31, 32]とがあり，地理的・環境的要因により仔稚魚の出現状況にはかなりの相違がみられる．大島[28]は干潮線近くの浅い水深帯にある藻場にヘダイ亜科稚魚が多く出現すると述べており，四万十川河口域のアマモ場の水深も同様に浅い．また，オゴノリやアオサなどの藻類が繁茂する浅所にクロダイ稚若魚が出現することも確認されており*，アマモ類に限らず，何らかの藻類が繁茂する浅い藻場が砂浜海岸に続く成育場となっているようである．

砂浜海岸と河口域浅所の成育場としての特徴的な役割は，前者が底生生活への準備を支える水域であるのに対し，後者はその後の底生生活の場となっていることであろう．河口域浅所にはコアマモやその他の藻類により形成された藻場をはじめヨシ，マングローブ他の抽水植物群落など多様な環境が存在し，これらが底生生活に移行する仔稚魚の拠り所となっている．砂浜海岸に出現した仔稚魚が近傍の河口域にあるこのような場所に移住する際，両水域間の連続性

* 花本雅子：卒業論文，近畿大学農学部，1988, 17pp.

はその成否を左右する重要な要件となろう．

広塩性あるいは通し回遊性の魚類を中心とした特定の仔稚魚が砂浜海岸や河口域の陸域に接するごく浅い水域へ積極的に集合し，そこを成育場として利用していることは明らかである．このような水域が成育場として成立する背景には，沖合からの仔魚の輸送，水温，塩分などの物質的要因に加え，餌環境や捕食圧などの生物的要因，さらに運動能や環境選択性に関わる仔稚魚自身の内的な諸要因が複雑に関連しており[33]，その解明にはより詳細かつ多領域に亘る総合的な研究が必要であろう．砂浜海岸のもつ成育場としての役割と底生生活の場を合わせもつ四万十川河口域からは，仔魚期から若魚期に至る連続した情報を得ることができる．今後，当水域における仔稚魚の生物学に関する総合的な研究が望まれる．

文　献

1）T. Senta and I. Kinoshita : *Trans. Am. Fish. Soc.*, 114, 609-618（1985）.

2）I. Kinoshita : *Jpn. J. Ichthyol.*, 33, 7-12（1986）.

3）I. Kinoshita and S. Fujita : *ibid.*, 34, 468-475（1988）.

4）I. Kinoshita and S. Fujita : *ibid.*, 35, 25-30（1988）.

5）木下　泉：*Bull. Mar. Sci. Fish., Kochi Univ.*, (13), 21-99（1993）.

6）木下　泉：海洋と生物，6，409-415（1984）.

7）藤田真二：四万十川河口域におけるスズキ属，ヘダイ亜科仔稚魚の生態学的研究．博士論文，九大，1994，iii+141pp.

8）A. L. Pacheco and G. C. Grant : Studies of the Early Life History of Atlantic Menhaden in Estuarine Nurseries. Part-1 Seasonal Occurrence of Juvenile Menhaden and other Small Fishes in Tributary Creek of Indian River, Delaware, 1957-58. U. S. Fish and Wildlife Service Spec. Sci. Rep. Fish., 1965, pp.1-11.

9）M. S. Mulkana : *Gulf Res. Rep.*, 2, 97-168（1966）.

10）W. K. Derickson and K. S. Price, Jr. : *Trans. Am. Fish. Soc.*, 102, 552-562（1973）.

11）R. L. Cain and J. M. Dean: *Mar. Biol.*, 36, 369-379（1976）.

12）M. P. Weinstein : *Fish. Bull.*, 77, 339-357（1979）.

13）A. G. Miskiewicz : A review of studies of the early life history of fish in temperate Australian waters. *In* "Larval Biology"（ed. D. A. Hancock,）, Aust. Soc. Fish Biol., 1991, pp.170-193.

14）Y. Matsumiya, T. Mitani, and M. Tanaka : *Nippon Suisan Gakkaishi*, 48, 129-138（1982）.

15）Y. Matsumiya, H. Masumoto, and M. Tanaka : *ibid.*, 51, 1955-1961（1985）.

16）松井誠一・中川　清・冨重信一：九大農学芸誌，41，55-62（1987）.

17）塚本勝巳・望月賢二・大竹二雄・山崎幸夫：水産土木，50，47-57（1989）.

18）高橋勇夫・木下　泉・東　健作・藤田真二・田中　克：日水誌，56，871-878（1990）.

19）T. Saruwatari and M. Okiyama : *Nippon*

Suisan Gakkaishi., 58, 235-248 (1992).
20) 松井誠一：九大農学芸誌，40，135-174 (1986).
21) 藤本知之・松本紀男・篠岡久夫：栽培技研，2，23-26 (1973).
22) I. Kinoshita, S. Fujita, I. Takahashi, and K. Azuma : *Jpn. J. Ichthyol.*, 34, 462-467 (1988).
23) 塚本勝巳：アユの回遊メカニズムと行動特性．現代の魚類学（上野輝彌・沖山宗雄編），朝倉書店，1988，pp.100-133.
24) 塚本勝巳：水産土木，50，47-57 (1986).
25) T. Senta, M. H. Amarullah, and M. Yasuda : Invitation to the study of juvenile fishes occurring in surf zones. *In* "Proceedings of Symposium on Development of Marine Resources and International Cooperation in tne Yellow Sea and the East China Sea." (ed. by Y. Go.), Mar. Res. Inst. Cheju Nat. Univ., 1988, pp.131-146.
26) I. Kinoshita and M. Tanaka : *Nippon Suisan Gakkaishi*, 56, 1807-1813 (1990).
27) S. Fujita, I. Kinoshita, I. Takahashi, and K. Azuma : *Jpn. J. Ichthyol.*, 35, 365-370 (1988).
28) 大島泰雄：藻場と稚魚の繁殖保護について．水産学の概観（日本水産学会編），日本学術振興会，1954，pp.128-181.
29) 宇都宮　正：山口内水試報，6，25-30 (1954).
30) 中津川俊雄：京都海セ研報，4，68-73 (1980).
31) T. Kikuchi : *Publ. Amakusa Mar. Biol. Lab.*, 1, 1-106 (1966).
32) 木村清志・中村行延・有瀧真人・木村文子・森　浩一朗・鈴木　清：三重大水研報，10，71-93 (1983).
33) 田中　克：接岸回遊の機構とその意義．魚類の初期発育（田中　克編），恒星社厚生閣，1991，pp.119-132.

5．砂浜浅海域生産系と河口域生産系の相互連関

伊藤絹子*1・大方昭弘*2

沿岸浅海域の中でも，河口汽水域に隣接する砂浜域特に水深 20 m 以浅の水域は，多くの沿岸魚類資源の生活史初期の生活場所になっていることは知られている[1~7]．魚類資源の種個体群ごとの数量変動機構を解明するためには，浅海域生物生産系の生産構造に関する研究，具体的には河口汽水域・砂浜水域あるいは岩礁域など，異質な生態系サブシステムの生物生産機構の特異性とそれらの機能的な相互連関に関する研究を進めていくことが不可欠な課題である．

本章では河口域に隣接する砂浜浅海域および河口汽水域においてなされた研究例を紹介し，それぞれの生物生産系の特性を摘出することによって，異質な生態系サブシステム間の連関機構を明らかにするための今後の研究方向について考察する．

§1．砂浜浅海域の生物生産系

魚類の生物生産過程を明らかにするためには，各発育ステージごとに選択する生活場所（habitat）に形成される群集（community）の生産構造を明らかにすることが基礎となる．生物群集の生産構造は，時間的空間的な限定のもとに求められた食物網（food web）によってその骨格が認識される．

食物網は生物群集を構成する個々の種個体群（species population）の生存の根拠となる食物をめぐる種間関係を示すものであり，それによって生活史の各発育ステージにおける種別の食地位（food niche）が推定される．

ここでは先ず，水深 20 m 以浅の沿岸浅海域でなされた魚類の生物生産過程に関する研究について紹介し，さらに，この水域と密接な砕波帯内部，主として砂浜波打ち際斜面のアミ類の生物生産過程に関する研究について述べることにする．

---

*1 東北大学農学部
*2 元東北大学農学部

1・1　浅海域生物群集の生産構造

生物群集の生産構造や生物生産に関する研究には水域の海岸地形や海底地形あるいは海流系の分布状況などの他に，その海域における漁業種類別の漁場形成の特徴などを参考に適切な調査方法を工夫しなければならない．

大量の河川水が流出しかつ長い砂浜海岸のある鹿島灘や仙台湾などの沿岸水域は，海底の所々に岩礁は見られるが，総じてなだらかな海底斜面が沖に向かって続いている．そこでは，底生性魚介類や回遊性の中表層魚類を対象とする様々な沿岸漁業が活発に行われ，生物生産量も大きい．鹿島灘の水深 20 m 以浅の水域において行われた魚類群集に関する研究[1~4]では，各種の採集用具を併用して生物採集が行われた．

水深 20 m 以浅の水域に限定されたのは，河口から流出する陸水と外洋水との潮境にマイワシ，カタクチイワシなどのシラス漁場が形成されるとともに，多様な稚幼魚が季節的に交代しながら，この水域に大量に出現するからである．この研究では，岸から沖に向かう水深の変化に伴う魚種組成の段階的な変化，それぞれの水深別の食物網の構造的特異性および構造の季節的変動性が示された．また，食物網の研究によって稚幼魚の生産を支えるかいあし類の重要性だけでなく，アミ類特にミツクリハマアミ（*Acanthomysis mitsukurii*）が極く浅海域に生活する魚類の生物生産上，key-species ともいえる地位にあることが指摘された（図5・1）．

この研究においては 5 m 以浅の砕波帯内部の研究は十分に行われていないが，砕波帯水域には幼稚仔期の様々な沿岸魚類が生息し，波打ち際には大量のアミ類（*Archaeomysis* 属）の生息していることがすでに知られており[8]，最も岸よりのこの水域の生産構造と 5 m 以深の生産構造との機能的連関の問題が今後の重要課題であることが指摘された．

1・2　砂浜波打ち際斜面におけるアミ類の生物生産過程[9, 10]

砂浜砕波帯沖側の浅海域魚類の生産過程と砕波帯内部の生物生産過程との物質循環上の連関機構を明らかにするために，その第一段階として波打ち際斜面に大量に生息するアミ類の生活に注目し，その生物生産過程に関する研究が行われている．

ここで述べる砂浜波打ち際に生息するアミ類は *Archaeomysis kokuboi* であ

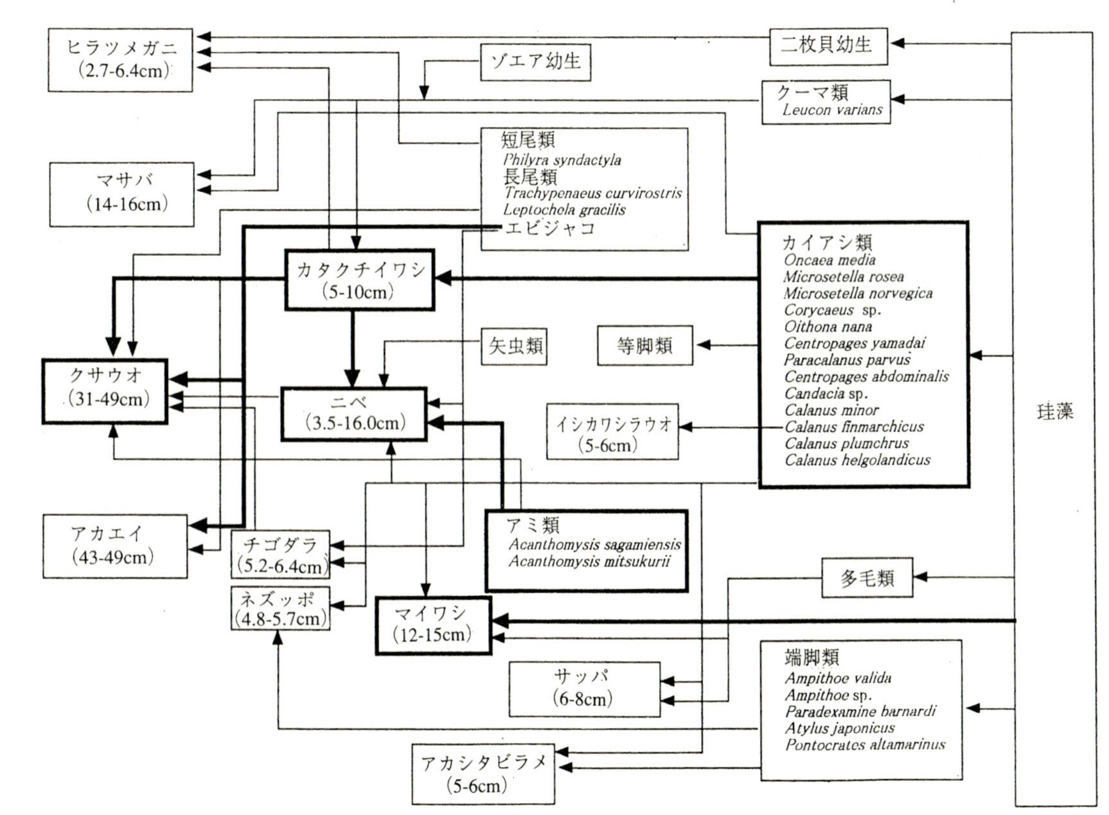

図 5·1　砂浜浅海域の生産構造の一例；1975 年 12 月，鹿島灘の水深 10 m 水域においてビームトロールによって採集された生物の調査によって得られた生産構造（線の太さは胃内生物の出現率の相対的な大きさを表している）[4]

る．まず，本種の生活を明らかにするために，宮城県名取川河口の南側に位置する閖上海岸で調べられた結果を述べる．*A. kokuboi* は，波打ち際斜面に打ち寄せる海水が到達する範囲の砂中に潜る習性がある．本種の日中の砂中生息数は，多いところで最高 1,000 個体／m^2 以上に達する．分布域の変動には日周性がみられ，夜間には波打ち際付近の水中に遊泳する個体が多い．未成熟個体の場合はその多くが昼夜とも水中に生活している．また，斜面内における分布密度の高い生活場所の中心は，潮汐による打ち上げ波の到達地点の変化に伴って移動する．本種の食生活についてみると，主に夜間に水中で遊泳しながら，*Acartia* や *Microsetella* などのかいあし類，渦鞭毛藻類や有鐘繊毛虫類，大型の珪藻類なども摂食しており，食物網の中では二次消費者に近い地位を占めている．

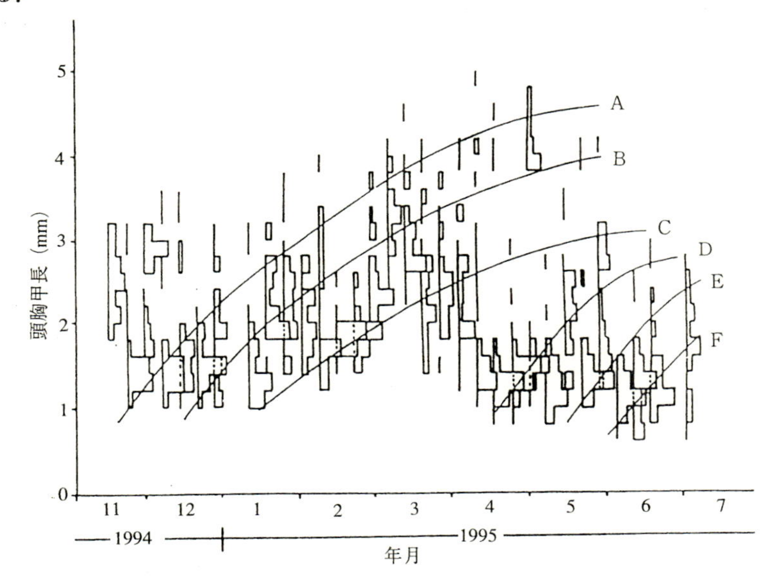

図 5･2　名取川河口に隣接する閖上海岸の波打ち際斜面において採集した *Archaeomysis kokuboi* の頭胸甲長組成；曲線（A, B, C, D, E, F）は異なる発生集団の成長過程を示す[10)]

本種の頭胸甲長によって求められた成長過程を図 5･2 に示す．1 月中旬～2 月は 1.6～2.8 mm，3 月には 2.2～3.6 mm，4～5 月では 1～1.4 mm の小型の個体が中心になるが，4 mm 以上の個体も見られる．6 月になると，0.8～1.6

mm の個体が中心となり，3 mm 以上の個体は出現していない．調査水域の年間の水温の範囲はおおよそ 8℃（冬季）～25℃（夏季）であったので，この組成図から各発生群の成長を追跡するために，水温条件を 10，15，20℃で飼育実験を行い，各水温ごとの成長を追跡した（図 5·3）．この結果と現場において採集された個体の胚の発育ステージの観察結果を基に成長を推定してみると，年間いくつかの発生群のあることが明らかになった（図 5·2）．この図では 6 本の曲線によって示される発生集団があるように見えるが，11 月から 1 月の期間に生まれたものと，4 月以降に生まれたものの 2 群に大別することができる．また，前者は成長が遅く寿命が長いのに対し，後者は成長が速く，寿命が短いと考えられる．

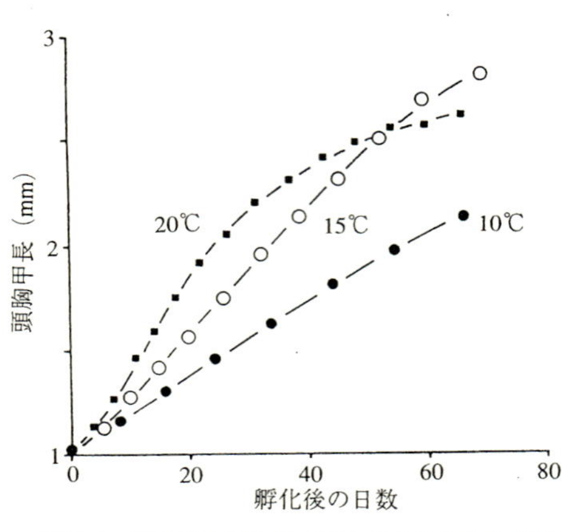

図 5·3　異なる水温条件でアルテミアを与えて飼育した*Archaeomysis kokuboi* の成長[10)]

これまでの研究では，砕波帯内に来遊するマルタ，バケヌメリ，イシガレイ，スズキなどが，*A. kokuboi* を摂食していることが知られており，本種は物理的運動の激しい砂浜波打ち際斜面を生活場所として選択して，個体群としては年間数回の再生産を繰り返しながら活発に生物生産を行い，一次生産者及び一次消費者から魚類への栄養物質移行における仲介的役割（二次消費者の地位）を担っているといえる[*3]．

§2．河口域生産系

河川から流出する陸水と海水との混合によって形成される汽水域の範囲は，河川の規模や沿岸地形の形状によって異なる．ここでは，宮城県名取川の河川下流部分および河口に近い入江において行われた研究結果に基づき，河口域に形成される生物群集の構造的な特性を明らかにし，隣接する砂浜生産系との生

[*3] 金子健司（未発表）

態系サブシステムとしての異質性ならびに両水域の機能的連関について考察する．この名取川では河口から上流 7 km 付近まで塩分が認められ，汽水域の範囲は広い．また，河川下流部分の一部と入江には砂質または泥質の干潟が形成されている．

2・1　河口域の生物群集と生産構造

河口域を代表する入江に生活する魚類の出現状況をみると，河川生まれの魚類や外海生まれのものなど，多様な生活様式の魚類が生息している．これらは，コチ・アシシロハゼ・マハゼ・マルタなどのような周年出現種，スズキ・ボラ・イシガレイ・クロダイなどのように特定の季節に出現する季節的出現種，カタクチイワシのように出現期間の短い偶来種の 3 つのグループに分けられる[11]．

入江に出現する主要魚種の食地位をみると表 5・1 のように，周年出現種コチは常に食地位が高く，イシガレイ・スズキ・クロダイなど沿岸性の魚類の食地位も全般的に高い．

表 5.1　名取川河口域の魚類の食地位の季節変化（1991 年）（本多ら[11]を改変）

種名	4 月	6 月	8 月	10 月	12 月
コチ	1 (60～140)	1 (90～190)	1 (120～190)	1 (30～220)	1 (30～80)
イシガレイ	2 (130～160) 5 (20～50)	3 (60～90)	3 (90～130)		
マハゼ	3 (60～140)	4 (80～170)	4 (120～200) 6 (10～100)	4 (30～210)	3 (40～140)
マルタ	4 (110～360)	5 (70～240) 7 (29～70)	5 (110～340) 7 (30～100)	3 (70～320)	2 (340～420)
アシシロハゼ	6 (35～55)	8 (25～45)	9 (10～35)	5 (15～45)	4 (15～55)
スズキ		2 (50～105)	2 (100～170)		
サッパ		6 (110～155)	10 (30～160)		
クロダイ			8 (10～60)	2 (35～110)	
ウキゴリ					5 (20～60)
コトヒキ				6 (15～25)	
シラウオ				7 (40～75)	
ボラ					6 (20～400)

（　）内は全長（mm）

また，入江を利用する魚種の季節的な入れ替わりに伴って生産構造も変化している．季節的出現種および偶来種は，河口域生活期間にこの水域で摂食し蓄積した体物質を沿岸域に輸送し，沿岸域に形成されている生物群集の生産構造に機能的に組み込まれていく．

たとえば河川の中流域で生まれたマルタ稚魚は，河口域とこれに近接する沿岸域での生活期に栄養物質を蓄積成長し，その生体物質を河川中流域に運んで産卵する．このような移動回遊はマルタが海域で生産された生体物質を河川域生産系に還元するという役割を果たしていることを意味する．産み出された卵及び仔魚のかなりの量は河川内の魚類その他の動物によって消費されている[12]．

次に河口域で生活する魚類の重要な食物生物について注目してみよう．まず，アミ類のなかのニホンイサザアミ（*Neomysis japonica*）は汽水域に分布の中心をもち，*A. kokuboi* とは分布域をずらしており，その食物生物は主にデトライタスや付着珪藻であり，昼夜を問わずこれらを摂食しているなど，食生活の様式においても波打ち際斜面に生活する *A. kokuboi* とはかなり異なっている[13]．また本種は，ハゼ科魚類やシラウオなど河口域の多くの魚類に捕食され，一次生産者から高次生産者への物質とエネルギーの中間輸送者としての役割を担っている点をみると，生産構造の中では *A. kokuboi* と類似の地位を占めているといえる．

アミ類の他に河口域の魚類の重要な食物として，二枚貝類の水管があげられる．とくに，イソシジミ（*Nuttalia olivacea*）の水管はハゼ類やイシガレイ稚魚などによって捕食されていることが明らかにされている*4．そこで，イソシジミと外海から移入してくるイシガレイ稚魚との関係について述べる．

2·2 イソシジミと魚類との関係

イシガレイ稚魚が名取川河口域に出現するのは 2 月頃からである．この時期は体長 10～20 mm 程度で，主にカイムシ，ユムシなどを摂食している．3 月には体長 15～40 mm の範囲にあり，食物は多毛類が主となり，体長 20 mm 以上のものの中に二枚貝類の水管を摂食しているものがわずかにみられるようになる．4 月に入ると，二枚貝類の水管の割合は増加し，6 月には体長 55～60 mm のものの摂食割合は 100％近くになる*5．これらの水管の多くはイソシジミのものであることが確認されており，水管のサイズから推定される殻長は 5mm以上のものが多い *6．Omori *et al.*[14] は，仙台湾蒲生におけるイシガレイ

---

*4 冨山　毅ら，平成 9 年度日本水産学会春季大会講演要旨集

*5 本多　仁ら，平成 7 年度日本水産学会秋季大会講演要旨集

稚魚について，体長 30 mm 以上の個体が水管とゴカイ類をともに摂食していることを確認している．また，イシガレイ以外の魚種としては体長 20～50 mm のアシシロハゼやカワガレイが水管を摂食しているという観察もある [*6]．

このようにイソシジミの水管が底生魚類の食物として利用されていることは確かであるが，捕食された部分が再生するのかどうか，被食による成長や再生産への影響の程度については未解明であり，今後に残された課題である．イソシジミは主として付着珪藻を食物として成長し [15]，その体の一部分は高次生産者へ供給することによって河口域物質循環系におけるエネルギー輸送者としての役割を担っている．そこで次に河口干潟域におけるイソシジミの生物生産過程を追跡してみることにする．

2·3　イソシジミの生産過程

イソシジミは，河川域及び入江に広く分布している．食用としても利用されるが，一般的には経済的価値はあまり高くない．その成長は同じ河口域においても生息場所によって著しく異なる．ここでは，その成長差の生ずる機構を究明することを通して，河口域生態系の中のミクロサブシステムの特性と成因について考察する．

河川域の中の干潟と隣接する入江干潟において採集されたイソシジミをみると，両者間の分布密度はほぼ同様であるが，その成長過程は著しく異なることが明らかにされている．河川域のほうでは成長が早く，生活史の初期（殻長 20 mm 以下）にはその差は特に顕著である [16]．

そこで，成長差の生ずる原因を明らかにするために，現場で標識実験を行った結果，実験期間中のイソシジミの日成長，成長率ともに河川域干潟の方が入江の干潟よりも大きいことが実証された（表 5·2）．このような差の原因の一つとして底質の相違が考えられるので，底質条件の中の粒度指標である中央粒径値，含泥率，イソシジミの食物種である付着珪藻量の指標としてクロロフィル *a*，保水率の指標として水分率をレーダーチャートに示し，両者を比較した（図 5·4）．いずれも底土表面のクロロフィル *a* は 8 μg / g 程度であり，大差はない．底土の粒度組成では河川域干潟の含泥率は 0.5％であるのに対し，入江においては 15％であった．イソシジミは，底層付近の水中懸濁物，おもに付

---

*6 冨山　毅（未発表）

着珪藻やデトライタスを摂取しているので，シルトが多い場所ではこれを食物とともに取り込む可能性が高い．食物とシルトのような異物がともにとりこまれた場合には，これらは擬糞として直ちに排出されてしまうので，食物の摂取効率は低下する．また含泥率が高く，水の流れが緩やかな場所では，摂取可能な食物の単位時間当たりの供給量は低くなる．したがって，水の流れの強さが

表5･2　名取川河口域の河川下流部（A）および入江（B）における現場実験に基づくイソシジミの成長（1995年7月〜9月）[16)]

条件	サイズ（殻長）mm		日成長（殻長）μm / day	日成長（重量）mg / day	成長率 % / day
ケージ	10〜20	A	105.3（±24.0）	17.5（±5.7）	1.63（±0.38）
		B	23.9（±12.1）	2.4（±1.70）	0.33（±0.21）
標識放流	10〜20	A	130.0（±16.1）	23.1（±3.7）	1.58（±0.29）
		B	40.0（±20.0）	0.11（±0.02）	0.02（±0.02）
標識放流	20〜30	A	76.1（±34.9）	19.0（±7.6）	0.86（±0.37）
		B	28.5（±17.1）	1.25（±3.11）	0.13（±0.22）
標識放流	30〜40	A	22.8（±17.6）	18.4（±8.6）	0.37（±0.23）
		B	16.0（±8.0）	−0.41（±7.30）	−0.22（±0.14）

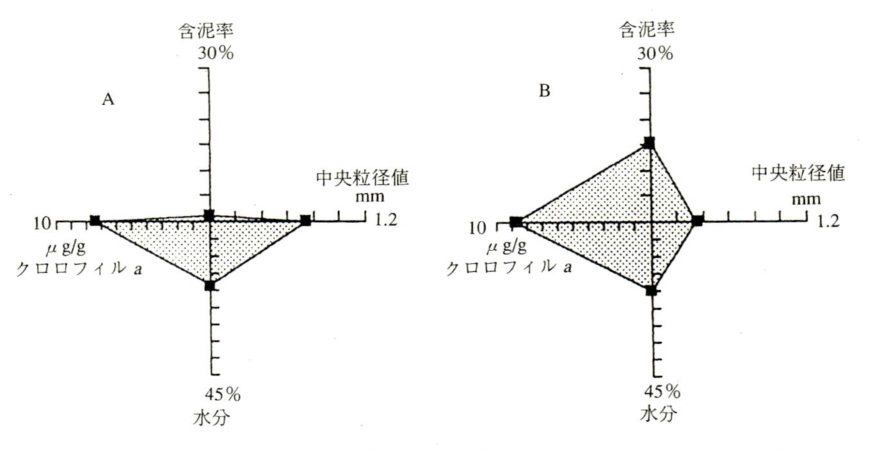

図5･4　名取川河口域の河川下流部（A）および入江（B）における底質の特性（1997年平均値）
中央粒径値，含泥率，水分率，底土のクロロフィル a のレーダーチャート（伊藤，未発表）

底質の粒度組成を支配し，かつ食物の供給量を左右する．その結果として，入江のイソシジミの摂食量は制限され，成長は低下するものと考えられる．このように，生物の成長については様々な環境要因を総合的に捉えることによってミクロサブシステムの生物生産上の特性や機能の異質性の理解を深めることができる．

したがって，先に述べたイシガレイ稚魚などの魚類の生産過程におけるイソシジミとの相互関係を明らかにしていく場合においては生息環境によるイソシジミの生産過程の違いを考慮する必要のあることがわかる．

§3．砂浜海岸と河口域との生物生産上の連関性

砂浜浅海域と河口域とをそれぞれ沿岸生態系におけるサブシステムと考えて，相互の生物生産上の連関を解明していくためには，各系における食物網の構造を明らかにすることが第一の課題である．相互の連関は魚類をはじめとする生物の回遊や移動によるものと，水の流動に伴う物質の移動によるものとが考えられる．

ここでは先ず，両サブシステムにおける水中の溶存物質の時間的変動を同時

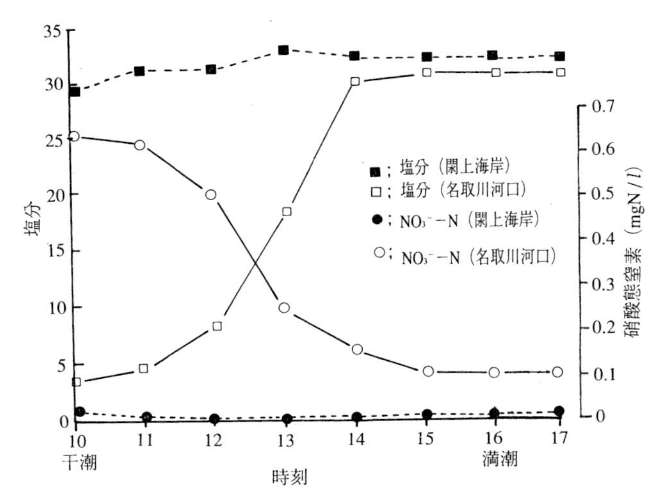

図5·5　名取川河口域における底層水（底より直上 10 cm）および閖上海岸波打ち際斜面における塩分・硝酸態窒素濃度の時間的変化（1997 年 7 月）（伊藤，未発表）

に調べることにより，それぞれの特性を比較した研究を紹介する．この研究では，前述の河川下流部と河川の流出域に近い波打ち際斜面が調査場所に設定された．干潮から満潮に向かう時間帯に，1 時間ごとに採水した水中の塩分と硝酸態窒素の時間的変化を図 5･5 に，また植物プランクトンの組成の変化については図 5･6 に示した．外海に面する波打ち際斜面の場合，塩分は最干潮時の 29 から徐々に上昇して，満潮時の 3 時間前に最大値 32.7 に達し，その後満潮時まで一定の値ほぼ 32 であった．一方，河口域（河川下流部）の塩分は，干潮時に 3 であったのが満潮時には急増して 30 まで達しており，塩分変動が極めて大きい．また，波打ち際斜面の硝酸態窒素の濃度は低く，0.05 mg / *l* 程度であるが，干潮時にやや高く，満潮に向かって徐々に低下する傾向を示している．河口域では，塩分の増加に伴い，硝酸態窒素の減少がみられる．このようにいずれの水域においても，基本的には潮汐に伴う水の流動に対応して塩分や栄養塩の濃度は変化している．

波打ち際斜面におけるプランクトンの出現状況をみると，干潮時には浮遊珪藻の *Skeletonema costatum* が優占しており，その他に *Leptocylindrus danicus* や *Rhizosolenia alata* などもみられる．満潮時には *R. alata* が急増している．これは，沖合いの水の流入に伴う水の交換によって生ずる組成の変化と考えられる．また，底生珪藻の *Navicula* 属なども分布密度は低いが砂浜斜面上に常に分布している．波打ち際斜面には，この場所に固有の生物と隣接する河川域，あるいは沿岸水域で生産されたものなど，様々な生物が水の流動に伴って出入りし，時空間的に変動しながら共存していることがわかる．

一方，河口域におけるプランクトンや底生藻類の組成を見ると，波打ち際斜面の場合と同様に，干潮時には *S. costatum* が最も多く，*Navicula* spp. や *Nitzschia* spp. などの底生珪藻の生息密度が高い．満潮時間帯になると，植物プランクトンの個体数は減少傾向を示すとともに，組成も変化して干潮時には見られなかった *R. alata* が増加する．このようにみてくると，各サブシステムはそれぞれの生物生産構造の中で生産された微細藻類や栄養塩類などを相互に供給しあいながら，異質な生産機能を分担し維持していることが理解できる．また，マルタ・イシガレイ稚魚などの移動回遊による生物生産物の運搬などにみられるような，様々な生物の生活活動と，水塊の流動に伴う物質の動きとの

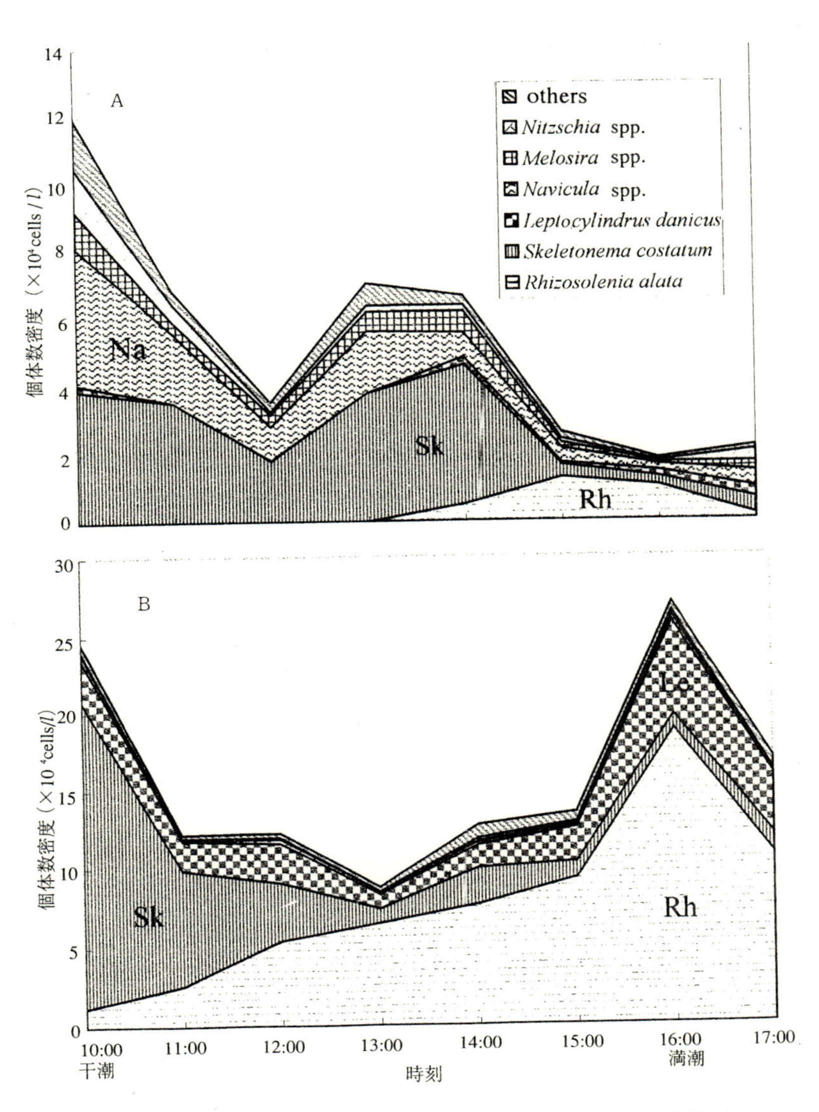

図 5·6　名取川河口域における底層水（底より直上 10 cm）（A）および閖上海岸波打ち際斜面（B）における植物プランクトンの個体数密度の時間的変化（1997 年 7 月）（伊藤，未発表）

ネットワークによって，異質なサブシステムは互いに有機的に結びついているのである[17]．今後は，各生態系サブシステムを構成する生物社会の物質的経済構造を解明する作業を総合的に進めると同時に，水の流動と溶存物質の移出入機構を明らかにすること，水の運動と生物の生活との結びつき方を水域のサブシステムごとに具体的に示していくことなどが重要な課題といえるであろう．

文　献

1）大方昭弘・石川弘毅：海洋と生物，5，15-19（1979）．

2）大方昭弘：月刊海洋科学，16，6，327-329（1984）．

3）A. Okata K. Ishikawa and K. Kosai: Rapp. P.-V. Reun. Cons. int. Explor. Mer, 178, 361-363（1981）．

4）A. Okata , K. Ishikawa and K. Kosai : *Bull. Fish. Exp.* st. Ibaraki-ken, 22, 7-17,（1978）．

5）M. Tanaka, H. Veda, and Azeta : *Nippon Suisan Gakkaishi*, 53, 1537-1544（1987）．

6）木下　泉：*Bull. Mar. Sci.Fish., Kochi Univ.*, 13, 21-99（1993）．

7）I . Kinoshita and M. Tanaka : *Nippon Suisan Gakkaishi*, 56, 11, 1807-1813（1990）．

8）C. Matudaira, T. Kariya, and T. Tuda : *Tohoku J. Agr. Res.*, 3,155-174,（1952）．

9）金子健司：砂浜波打ち際斜面に生息するアミ *Archeomysis kokuboi* の生産生態学的研究，修士論文，東北大，1995，56pp.

10）K. Kaneko and A.Okata : *Tohoku J. Agr. Res.*, 46, 1-2, 61-71（1995）．

11）本多　仁・片山知史・伊藤絹子・千田良雄・大森迪夫・大方昭弘：沿岸海洋究，35，57-68（1997）．

12）三浦雅大：生活史初期におけるマルタ（*Tribolodon brandti*）の生物生産過程に関する研究，博士論文，東北大，1995，120pp.

13）玉城泉也：河口域に生息するアミ類の摂食に関する実験生態学的研究，修士論文，東北大，1995，58pp.

14）M. Omori, H. Kinno, and I. Nishihata : *Tohoku J. Agr. Res.*,27, 79-91（1976）．

15）K. Ito and A. Okata : *Tohoku J. Agr. Res.*, 46, 47-60（1995）．

16）M. E. Galimberti : Biological Próduction Process of *Nuttalia olivacea* in Estuary, 修士論文，東北大，1995，69pp.

17）大方昭弘：水産海洋研究，60，380-411，（1996）．

Ⅲ．仔稚魚の捕食・被食

6．捕食者としてのエビジャコの生態

森　　純太*

本書において“エビジャコ－稚魚－小型甲殻類の食物関係”が紹介されているため（第8章参照），本稿では主にエビジャコそのものの生態について，若狭湾での研究内容（Moriら，未発表）に加えて過去の知見をまとめた．

エビジャコは抱卵亜目－コエビ族－エビジャコ科－エビジャコ属に属する．日本ではこれまでエビジャコ属としてはエビジャコ *Crangon affinis* 1種が広く知られていたが，その分類に関してはかなりの混乱がある．林（私信）が日本各地の標本をもとに分析した結果，日本には少なくとも4種類のエビジャコ属が分布していることが判明した．また，横川[1]は瀬戸内海で形態・出現期・分布の異なる2タイプを報告している．しかしながら，その学名については *C. cassiope* しか結論が出ておらず（林，私信），過去の知見との対応も未了なため，ここでは分類学上の問題が未解決であることに留意しつつ先に進める．

エビジャコは，北海道（石狩湾・函館湾）～九州，朝鮮半島・黄海・中国北部沿岸に分布し，浅海，内湾の砂泥・砂底，アマモ帯に棲息する[2]．また本種は低塩分の河口域から高塩分の干潟域まで分布し[3]，底質に対する適応性の大きさに加え，広塩性をも備えている．

エビジャコが甲殻類中の優占種として報告されているのは，東京湾[4]，大阪湾[5]，瀬戸内海の笠岡湾[6]，児島湾[7]，および油谷湾[8]である．また，沖合からの出現例もあり，新潟県から山形県の沖合においてエビジャコが優占種として出現し，主分布域は100 m以深で，水深130 mにおいて特に多かった[9]．これらの知見を総合するとエビジャコは内湾から大陸棚まで広範囲に分布していることになる．ただし，分類学上の問題が未解決である現在，これら全てをエビジャコの特性とするのは危険である．

---

* 遠洋水産研究所

このように日本周辺に広く分布するエビジャコであるが，成長しても体長 60 mm 程度と小型である上に殻が固く，水産業上の重要性は低い．佃煮あるいは生鮮食品として利用された過去もあるが[10]，現在は単なる雑エビであるエビジャコに対して近年にわかに注目が集まったのは，有用水産魚類稚魚の捕食者としての疑いがかけられたためであった．

§1．稚魚の捕食者

ヨーロッパのワッデン海に分布するエビジャコの近縁種 *Crangon crangon* は，干潟において北海プレイス *Pleuronectes platessa* 着底稚魚の主要な捕食者である可能性が高いということが，1980 年代後半以降，報告されている[11]．これらの研究に刺激されて，それまで日本においては有用水産動物の種苗生産における初期餌料としての利用可能性や，生態系における魚類の餌料としてといった面からしか強調されたことがなかったエビジャコが，稚魚の捕食者として捉えられるようになった．その最初の例が，Seikai ら[12]によるヒラメ稚魚の捕食実験である．エビジャコが獲物を捕らえるのに用いる鋏は，可動部が鎌状の特徴的な形をしている．エビジャコは砂に潜って待ち構えるか，または，触角にて餌を探索しながら動き回って，餌が鋏の届くところにくるや否や，鋏で餌を引っかけ，小顎にもっていく[13]．エビジャコは昼間には砂中に潜り，眼と触角のみを出している一方，夜間には活発に水槽内を泳ぎ回ることから，摂餌活動の主体は夜間に行われると考えられる．飼育条件下では体長 25 mm 以上のエビジャコがヒラメ稚魚を捕食し，エビジャコが大型になれば大型の稚魚まで捕食できるようになる．

筆者は野外調査で得られたエビジャコの胃内容物について調べなかったため，後述する若狭湾においてエビジャコがヒラメ稚魚を捕食しているか否かは明らかではない．しかし，エビジャコが仙台湾においてイシガレイを捕食していることが Yamashita ら[13]によって報告されている．その際，胃内容物中に認められたのは，アミ類，ヨコエビ類，多毛類が主で，魚類の耳石が認められたエビジャコは全個体数の 0.5～1.6％であったという．ちなみに，ワッデン海での一例では，全体の 5％のエビジャコからプレイス稚魚の耳石が認められている[11]．また，小坂[14]による仙台湾での報告によると，底生性の端脚類・等脚類が種類別出現頻度において全体の60％近くを占め，ついで多毛類が20％であった．

§2．若狭湾における生態

主な調査は若狭湾西部海域（通称，丹後海で以後これを使用）の小橋海岸および由良川河口域西岸で実施した．由良川河口域での調査は年間を通じて行われなかったため，考察には補足的に用いた．

全調査を通じて出現したエビジャコ科はエビジャコおよび *Pilocheras parvirostris* の2種類であった．後者は成長しても全長20 mm程度というさらに小型の種類である．エビジャコは *Crangon cassiope* に相当したので（林，私信），以降，本研究におけるエビジャコとは *C. cassiope* を指す．図6·1は

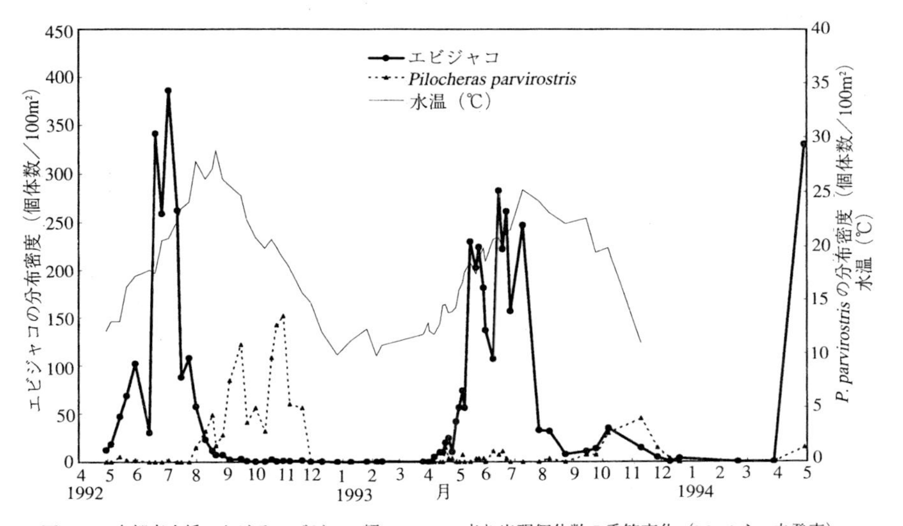

図6·1　京都府小橋におけるエビジャコ類の100 m² 当り出現個体数の季節変化（Moriら，未発表）

エビジャコ類の分布密度の季節変化を示す．小橋では全調査を通じて22,099個体のエビジャコが採集され，100 m² 当り出現個体数は0～約400の範囲で変動した．春季，水温上昇とともに個体数は増加し始め，20℃前後になる6～7月に盛期に達した後，水温が25℃前後に達する8月頃から急激に減少し，水温が下降する9月以降の個体数は翌4月まで低い水準で推移するという傾向が，2年間とも認められた．一方，小橋における *P. parvirostris* の全採集個体数は

667 個体で，出現個体数は 100 m^2 当り 0〜15 の間で変化した．出現のピークは 10〜11 月頃にあり，エビジャコとは異なった出現様式を示した．*P. parvirostris* は，サイズが小さく稚魚の捕食者となっているとは考え難いため，以下，エビジャコについてのみ言及する．

小橋で採集されたエビジャコの体長組成の変化を図 6·2 に示す．全採集個体の体長のモードは 16 mm 前後であった．2 年間にわたってモードを追跡した結果，短期世代と長期世代という 2 つの群の存在が認められた．短期世代は 4 月に体長 10 mm 程度で出現し，成長して 6〜7 月に体長 25〜35mm で抱卵し，8 月以降は全く出現しなくなった．一方，長期世代は 6 月に 10 mm 程度で出現し，8 月までは成長が少し停滞するが，その後はモードがしだいに大きくなり 1 月には抱卵個体が出現した．4〜5 月には体長 50 mm 程度で抱卵が認められ，6 月以降は採集されなくなった．なお，長期世代の稚エビの出現時期に出現個体数がきわめて多くなっていた．

小橋で認められたエビジャコの出現個体数の劇的な変化は，その生活史が調査海域内で完結していないことを示唆する．そこで，小橋よりも深い水深帯での調査結果として，同じ丹後海の由良における体長組成の季節変化を示す（図 6·3）．夏季の採集数が少ないのは小橋と同様であるが，その状態が冬季まで継続するようなことはなかった．全採集個体の体長のモードは 20 mm 前後であり，小橋よりやや大型であった．長期世代に相当する群の中に 9 月に体長 20 mm 程度で抱卵しているものがおり，しかもそれらが体長の増加傾向を示しつつ秋季から冬季にかけて抱卵個体として採集され続ける点が，小橋と異なっていた．また，全採集個体中の抱卵率は 28.4％と小橋の 4.2％よりも高い値を示し，エビジャコの主たる産卵が汀線域よりは深いところで行われることを示唆した．このことは，由良において認められた長期世代抱卵個体の出現様式が一般的な現象であることを想像させる．

エビジャコの成長量を求めるために，抱卵個体から孵化した幼生を自然水温下（14〜22℃）で飼育した．エビジャコは 5 回の脱皮の後に最短 2 週間で変態して，体長 3〜4 mm にて浮遊生活から着底生活に移行することを確認した．体長 10 mm 前後に成長するには孵化後 2〜2.5ヶ月が必要であった．これらの結果は山内 [15]，竹田 [16] による飼育実験の結果と一致した．ゾエア期のエビジ

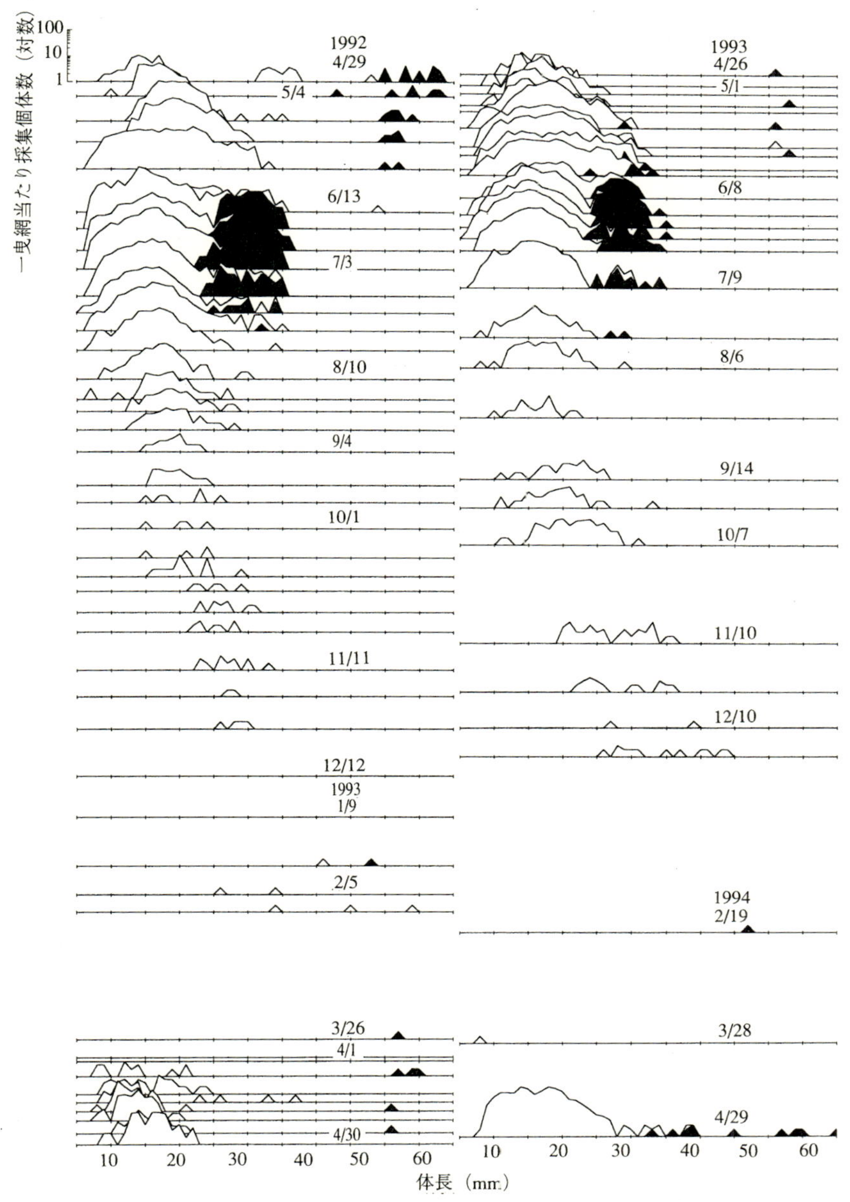

図6·2　京都府小橋で採集されたエビジャコの体長組成の季節変化（Mori ら，未発表）．黒は抱卵個体を，白は全個体を示す

ャコ幼生については，その分布範囲や出現時期などを明らかにする必要がある．

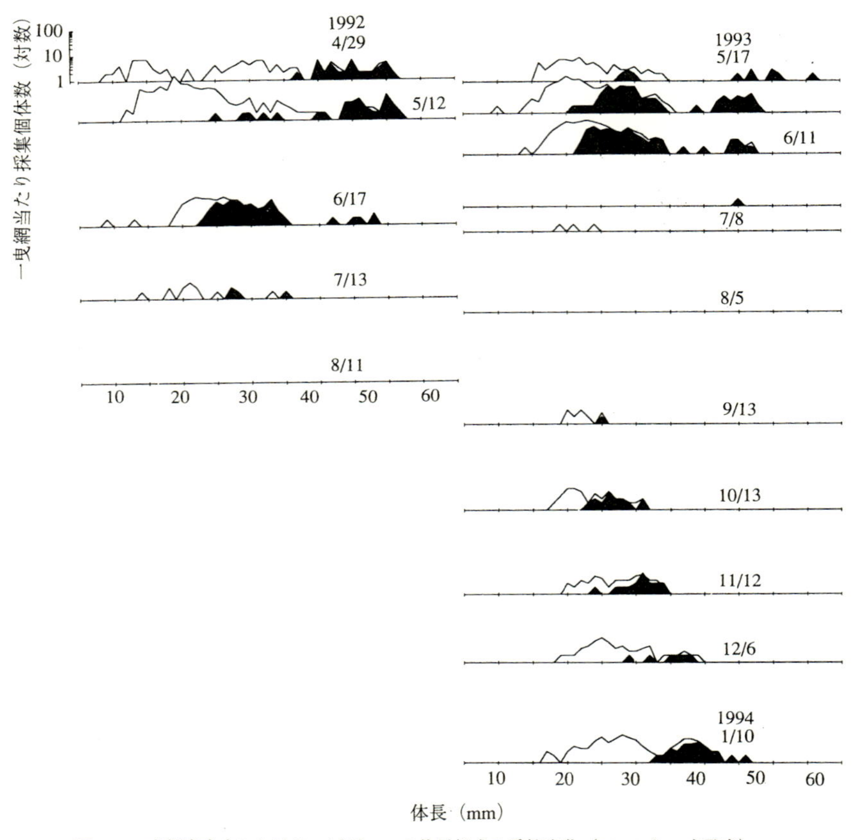

図6･3　京都府由良におけるエビジャコの体長組成の季節変化（Mori ら，未発表）．凡例は図6･2 参照

野外調査と飼育実験によって得られた結果から，丹後海におけるエビジャコの個体群構成を図6･4 のように推定した．長期世代は3月頃に孵化し始め，その親は長期世代と短期世代の両方が相当すると考えられる．長期世代は稚エビとして砂浜海岸に大量に出現した後，夏季以降急速に姿を消すが，汀線域よりも深い水深帯において秋季から抱卵すると考えられる．小橋では秋には抱卵個体が採集されなかったが，ここで抱卵する群が存在しないと，次の短期世代の親エビが存在しなくなることを考えると，この時期に抱卵個体は深所に分布す

ると考えるのが妥当である．その後，春になると小橋にも大型の抱卵個体となって出現し，6 月以降は全く認められなくなる．一方，短期世代は 1 月頃から孵化し，その親に相当するのは前述したように長期世代の中の秋に抱卵する群である．短期世代の稚エビは長期世代の稚エビほど多くは出現しない．5～7 月に抱卵個体が現れた後，短期世代は姿を消す．

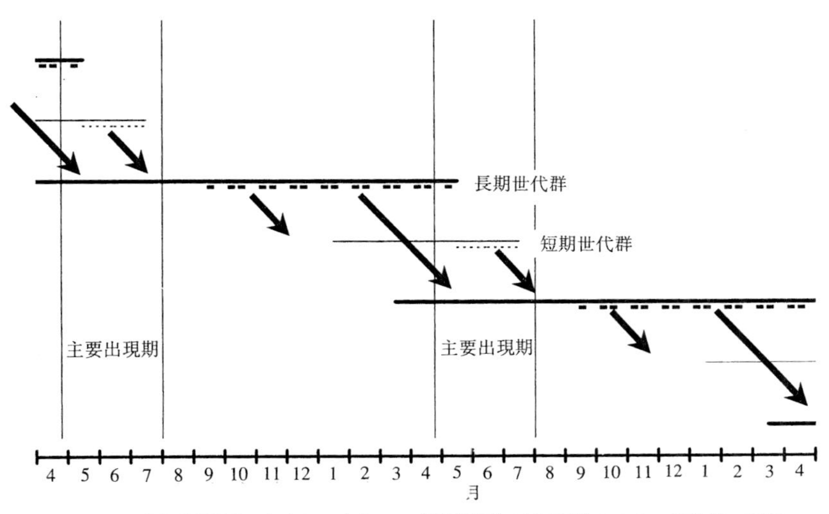

図 6·4　京都府丹後海におけるエビジャコの個体群構成の模式図（Mori ら，未発表）．破線は産卵期を示す

エビジャコの生活史を考察する上で問題となるのが，本種が産卵後に死亡するのかどうかということである．産卵後に死亡するという仮定の下では，例えば長い抱卵期をもつ長期世代は，秋に小型で産卵する群や，翌年の春に大型で産卵する群など複数の群から構成されていると考える必要が出てくる．短期世代が，初夏に抱卵個体が出現した後に全く出現しなくなることは，産卵後の死亡を示していると考えられる．また，産卵後の親エビは衰弱が甚だしいためにへい死するか食害されるものが多いことが想像される．しかし，長期世代の抱卵個体が秋以降に体長を増加させながら継続して採集された由良における結果は，複数の群の存在よりも，むしろ複数回の産卵を示唆する．さらに，飼育環境においてエビジャコが複数回産卵することが報告されている [16]．それによると，単一個体による複数回の産卵は一般的に認められ，冬季に 20℃で保温し

飼育したエビジャコが 10～7 月までの間に 18 回も産卵した例も述べられている．これらのことから，エビジャコは自然環境下において複数回産卵を行っている可能性は高いと考えられる．短期世代が抱卵個体の出現後，全く採集されなくなるのは，産卵後の疲弊した状態で高温である夏を乗り越えられなかったためであるのかもしれない．

§3．他海域における出現

最後に，他海域におけるエビジャコの出現様式について，過去の知見を整理した（表6･1）．

表6･1　各海域のおけるエビジャコの出現数の季節的な傾向．+++：多，+：並，−：少または無，空白はデータ無しを示す

海域	水深（m）	月 4	5	6	7	8	9	10	11	12	1	2	3
仙台湾[14]	＜1.5	++	−	−	−	−	−	−	+	+	+	+	−
東京湾[4]	5～40		++	+++		+	+			+++			
大阪湾[5]	10～50		+++		−		−		+				
大阪湾[5]	10～50	+	++	++	+	−	−	−	−	+			
丹後海（小橋）[*3]	＜1.5	+	++	++	++	+	−	−	−	−	−	−	−
丹後海（由良）[*3]	5～10	+	++	++	+	−	−	+	+	+	+		
播磨灘[1]		++	++	+	+	−		−	−	−	−	+	+
笠岡湾[6]	＜6	−	−	+	++	++	++	++	+	+	+	−	−
備讃瀬戸[1]		+	−	−	−	−	−	−	−	+	+	++	+++
油谷湾[8]	＜30	++	++	++	++	++	++	++	++	+++		++	+++

丹後海と同じように，春に出現量のピークを迎えた後，夏に減少する傾向は，多少のずれは伴いつつ，多くの海域で認められた．

ただし，山口県の油谷湾では，年間を通じて優占種として出現した[8]．また，笠岡湾で認められた出現パターンは，他の海域とは対照的なものになっている[6]．これらの現象は，海域の差によるものか，あるいは種類が異なっていることに起因するのか定かではない．なお，播磨灘と備讃瀬戸から報告されているエビジャコは，形態的にみて別種であると考えられているが，出現時期のピークにも約2ヶ月のずれが認められている[1]．

東京湾では，5～6 月には湾内の優占種となっているが，8～9 月にかけて分布量そのものが少なくなるとともに，分布の中心は湾口部となり，12 月には再

び湾内に多く分布する[4]．大阪湾では，5 月に湾奥の沿岸部で多い一方，8 月と 11 月にはほとんどまたは全く出現せず，2 月になると再び出現し始める[5]．両湾には夏季については共通した傾向が認められるといえる．

次に，エビジャコの生態について詳細に報告されている例として，仙台湾と瀬戸内海笠岡湾で得られた知見について述べる．

小坂[14]によると，仙台湾のエビジャコも短期世代と長期世代の 2 つから構成されている（図 6·5）．短期世代は長期世代のエビに由来して 8～9 月に孵化し，

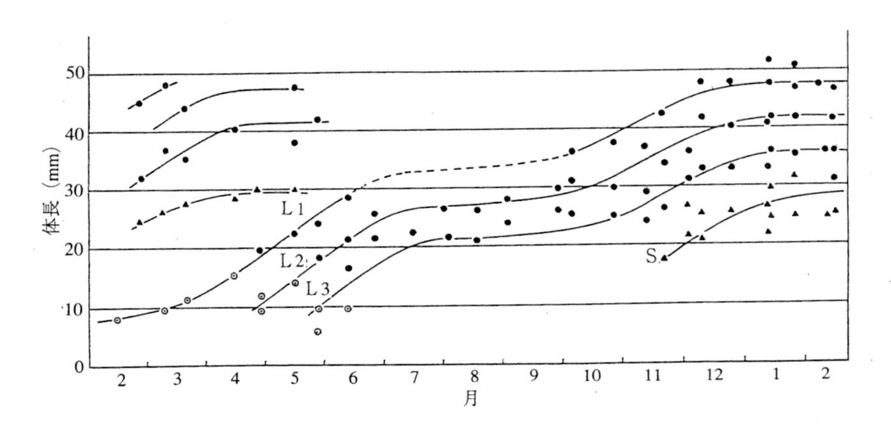

図 6·5　仙台湾におけるエビジャコ（雌）の成長曲線[15]．L1，L2，L3は，それぞれ長期世代のなかの前期，中期，後期の発生群を，黒丸は長期世代を，S および三角は短期世代を，二重丸は雌雄の第 2 次性徴を示さない中性型を，それぞれ示す

1～4 月にかけて産卵する．長期世代は前年の長期世代と短期世代から由来し，長期世代は，さらに 3 つの発生グループからなっている．また，6～10 月までの水温 16℃以上を示す期間に成長がほとんど行われないことが特徴的である．長期世代の大型エビによる産卵は 11～5 月に行われ，また，8～9 月に体長 30 mm 程度で産卵する群もいるが，産卵後に死亡するか否かは不明である．水深 1.5 m 以浅で調査が行われた仙台湾での抱卵率は約 1～4％と低いもので，エビジャコの産卵が浅所ではあまり行われないことを示している．また，小坂[14]はエビジャコの生息水深の季節による変化に関して，エビジャコを捕食していた魚（主にカナガシラ）の漁獲水深から推定している．それによると本種は季節

的に分布水深が変化し，7～9 月は深所（推定 60 m 台）に，1～3月には浅所に棲息する．

一方，安田[6]によると，笠岡湾のエビジャコも短期世代と長期世代の 2 つから構成されている（図 6·6）．短期世代のエビは2月に採集され始め，4～7 月に

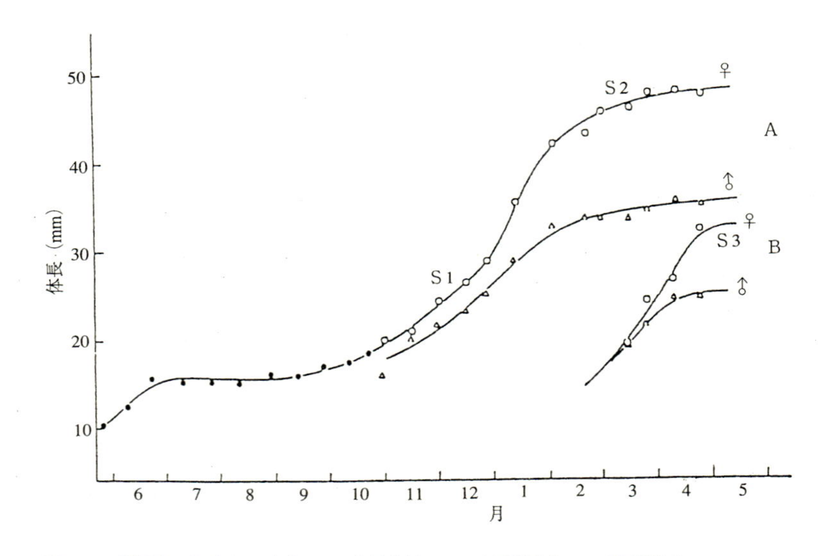

図 6·6　笠岡湾におけるエビジャコの成長曲線[7]．A は長期世代，B は短期世代，S1，S2，S3 は産卵期を示す．白丸は雌を，三角は雄を，黒丸は中性型を示す

産卵する．長期世代のエビは 5 月に出現し，6～10 月までの水温 20℃以上の期間には体長の増大がほとんど認められない．長期世代の大型エビの産卵は 1～6 月に行われるが，一部は 11～12 月に 25 mm 程度で産卵し，短期世代の親となる．また，この研究では湾口部でのプランクトンに孵化後のゾエア期の幼生が多く出現することおよび親エビの移動状況から，エビジャコは成熟すると湾口部に移動して産卵すると考察している．

以上のことから，長期世代と短期世代の出現は，仙台湾，笠岡湾および丹後海の 3 海域に共通して認められた．ただし，各世代の出現時期には差が認められた．すなわち，北に位置する仙台湾の産卵期がもっとも早く，それに対応して長期世代·短期世代ともかなり早い時期に出現している．竹田[17]は，飼育実

験から水温がエビジャコの産卵期を決定する可能性が高いと述べている．

丹後海では，長期世代の稚エビの出現がそのままピークとなっている．笠岡湾でも長期世代の稚エビの加入がエビジャコの出現のピークに対応しているようであるが，その出現ピークが持続する点が丹後海と異なっている．仙台湾での顕著なピークは 4 月に認められ，これも長期世代の稚エビの加入によるものである．また，いずれの海域においても夏季の成長の停滞が認められ，その水温は，丹後海と笠岡湾では約 20℃以上，仙台湾では 16℃以上であった．生息環境に対する適応力が強いと考えられるエビジャコであるが，このようなところに本来北方種である特性が現われているようである．

さて，エビジャコは多くの内海・内湾において優占種であるということで稚魚の捕食者として注目されているわけであるが，その個体数の多さは主に稚エビの出現によっているということがわかった．最後に，捕食者としてのエビジャコということを思い起こして，いま一度丹後海の小橋の例を示したい．前述したとおり，Seikai ら [12] の研究によると，体長 25 mm 以上のエビジャコが稚魚の捕食者となりうる．そこで，小橋における体長 25 mm 以上のエビジャ

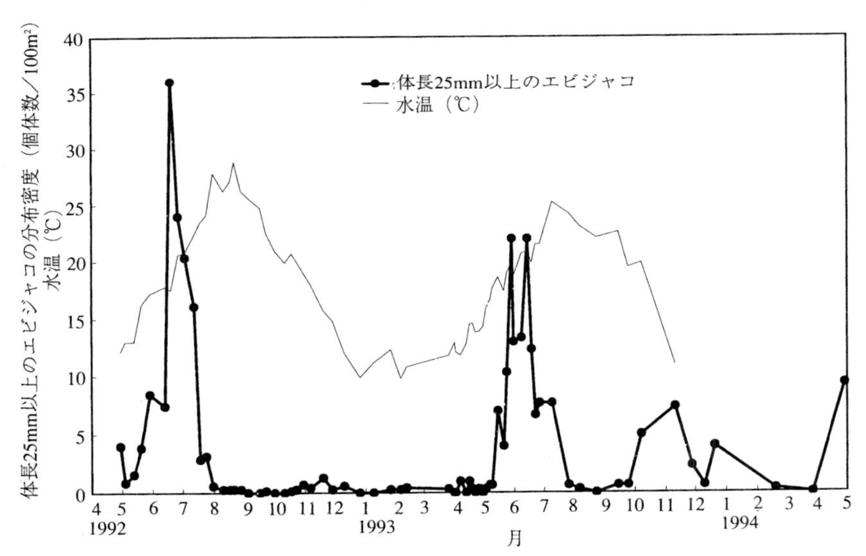

図 6·7　京都府小橋における体長 25 mm 以上のエビジャコ出現個体数の季節変動
（Mori ら，未発表）

コ出現数の季節変動をみると，初夏の出現が多いことがわかる（図 6·7）．仙台湾においては，イシガレイ稚魚の捕食が確認されている体長 30 mm 以上のエビジャコの出現密度はピーク時に 0.2 個体 / m^2となっており [13]，小橋とほぼ同じような状況である．小橋におけるヒラメの着底時期は，4 月中旬～6 月初旬であると報告されている（Maeda ら，未発表）．したがって小橋においては，捕食者となりうるサイズのエビジャコ，被食者となりうるサイズのヒラメ，それぞれの出現のタイミングが一部ではあるが重なっており，今後の知見の蓄積が望まれる．このようにエビジャコと稚魚間の食う·食われるの関係（その逆もありうることは第 8 章参照）を掴むためには，海域ごとの調査研究が必要であろう．

砂浜海岸はエビジャコの生活史においてどのような役割を果たしているのであろうか．初期の稚エビの成育場として機能しているのだろうか，それとも砂浜海岸はエビジャコの分布の縁辺部に相当し，稚エビが加入して分布域が広がる結果として出現するようになるのか．限られた情報しかない現段階では結論を出すことができず，今後の研究に期待したい．

最後に，エビジャコの分類についてご教示いただいた，水産大学校の林 健一教授に深謝する．

文　献

1）横川浩治：備讃瀬戸海域および播磨灘海域に出現するエビ類について．第 21 回南西海区ブロック内漁業研会報，1989，47-53（1989）．

2）三宅　貞：原色日本大型甲殻類図鑑（Ⅰ），保育社，1982，pp.71-72．

3）肥後伸夫・符 啓超：八代海南部海域のエビ類相について．鹿大水紀要，（37），45-50（1988）．

4）I. Kubo and E. Asada : *J. Tokyo Univ. Fish.*, **43**, 249-289（1957）．

5）林 凱夫：大阪水試研報，**4**，42-75（1974）．

6）安田治三郎：内水研報，**9**，1-81（1956）．

7）小川泰樹・角田俊平：*J. Fac. Appl. Biol. Sci., Hisoshima Univ.*, **22**, 235-240（1983）．

8）小嶋喜久雄・花渕靖子：西水研報，**56**，39-54（1981）．

9）大内 明：日水研報，**6**，173-182（1960）．

10）武田正倫：原色甲殻類検索図鑑，北隆館，1982，p. 36．

11）H. W. van der Veer and M. J. N. Bergman: *Mar. Ecol. Prog. Ser.*, **35**, 203-215（1987）．

12）T. Seikai, I. Kinoshita, and M. Tanaka : *Nippon Suisan Gakkaishi*, **59**, 321-326（1993）．

13）Y. Yamashita, H. Yamada, K. D. Malloy, T. E. Targett, and Y. Tsuruta : Sand shrimp predation on settling and newly-settled stone flounder and its relationship to optimal nursery habitat selection in Sendai Bay, Japan, in "Survival Strategies in Early Life Stages of Marine Resources" (ed. by Y. Watanebe, Y. Yamashita, and Y. Oozeki), A. A. Bolkema, 1996, pp.271-283.

14) 小坂昌也：東海大海業績, A42, 59-80 (1970).
15) 山内幸治：日水誌, 31, 907-915 (1965).
16) 竹田文弥：昭和 45 年度兵庫水試事報, 1-30, (1972).

7. 餌料としてのかいあし類・アミ類の生態

広 田 祐 一*

砂浜海岸において，かいあし類は仔魚や浮遊生活をする稚魚の餌として[1]，アミ類は着底後のヒラメなど底魚稚魚の餌として[2,3]最も重要な動物群である．しかし，開放的な砂浜海岸の極く沿岸におけるかいあし類の分布生態に関する報告は，断片的に北日本ではサケ・マス稚魚放流時の餌環境調査で，南日本では魚礁関連事業調査で得られたものしかない．一方，アミ類の分布生態に関しては，1970 年代後半よりマリーンランチングプロジェクトや放流事業調査により断片的ではあるものの，多くの結果が出されるようになってきた．本章では，日本の開放的な砂浜海岸の極く沿岸域におけるかいあし類やアミ類の主に季節変動についての結果を整理し，各海域における餌生物の分布特性の把握を試みた．

§1. かいあし類

砕波帯や極く沿岸域におけるかいあし類の季節変動に関する知見は少ない．開放的な海域における主に海底水深 20 m 付近より岸側で採集されたかいあし類個体数密度を，図 7·1 に示す．これらの調査は，網目幅 0.1 mm の北原式定量ネット，または網目幅 0.33 mm のノルパックネットにより行われていることが多いため，海底表面に多数存在している底生性のかいあし類については考慮していない．最も多い時の密度は，網目幅 0.1 mm のネットを用いた試料では数 10 個体 / *l* ないしは百数 10 個体 / *l* であった．網目幅 0.33 mm のネットでは数個体 / *l* 程度で，網目幅 0.1 mm のそれに比べ 1～2 桁少なかった．これは網目幅 0.33 mm のネットでは網目逸失を起こす小型かいあし類が多いためと考えられる．また，浅い海域においてかいあし類は，スォームを海底近くに形成することや，また昼間海底直上に濃密な層を形成することが知られており，この場合数百個体 / *l* 程度の密度で，ネットの鉛直曳試料の値よりかなり高くな

* 南西海区水産研究所高知庁舎

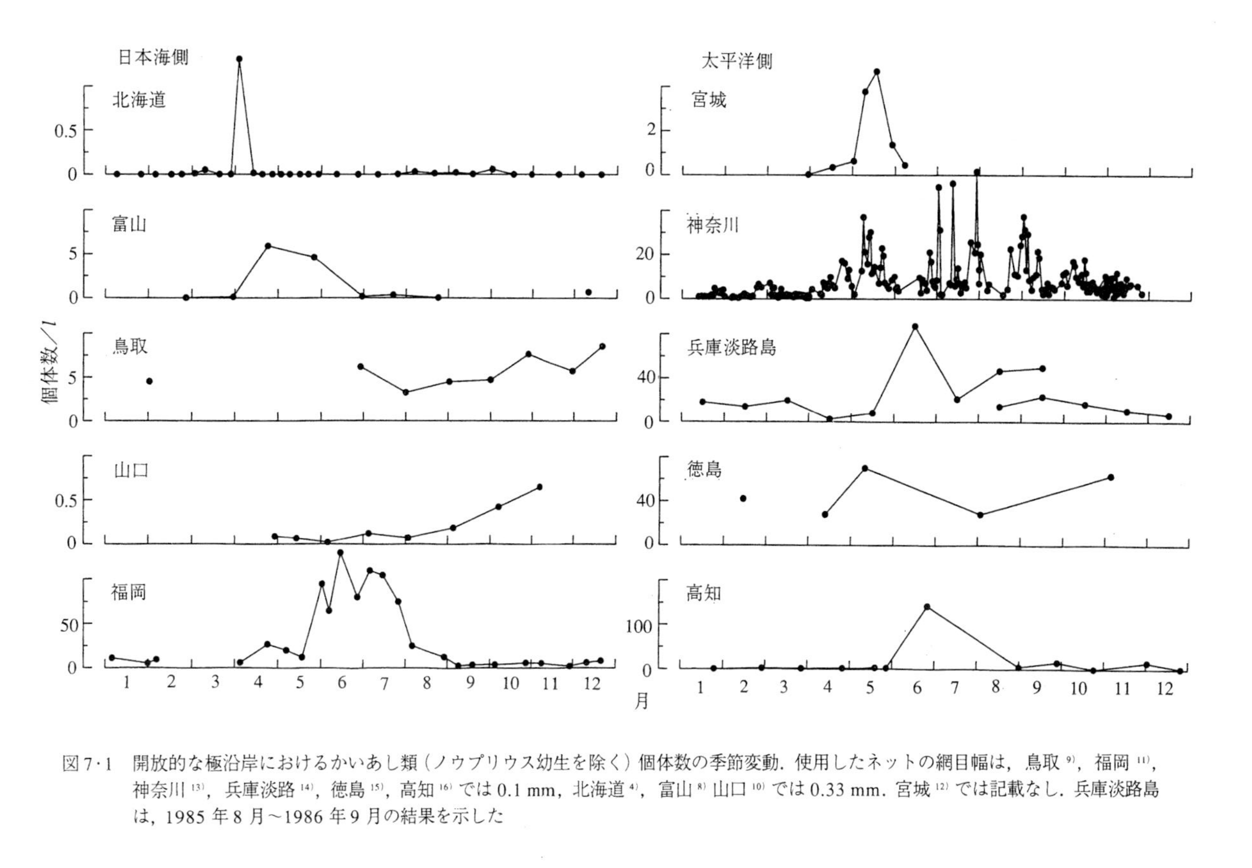

図7·1 開放的な極沿岸におけるかいあし類（ノウプリウス幼生を除く）個体数の季節変動．使用したネットの網目幅は，鳥取[9]，福岡[11]，神奈川[13]，兵庫淡路[14]，徳島[15]，高知[16]では0.1 mm，北海道[4]，富山[8] 山口[10]では0.33 mm．宮城[12]では記載なし．兵庫淡路島は，1985年8月〜1986年9月の結果を示した

っていることが推測される．このため浅い海域の底層では仔稚魚の餌環境はさらによいことが予想される．

北海道日本海側の増毛では，かいあし類個体数は春季に顕著に多くなった[4]．秋田や山形では，調査時期をかえて年 1，2 回行われている調査結果を数年分繋ぎ合わせてみると 4，5 月頃 最も多くなり[5~7]，富山においても 4 月に最も多くなった[8]．日本海南部の鳥取砂丘沖や山口田万川においては秋に増加が認められるが春季の調査が不完全で最も多い時期ははっきりしなかった[9, 10]．福岡では 6 月に最も多かった[11]．一方，太平洋側では，宮城において 5 月に密度は最も多くなった[12]．神奈川小田原では 7 月[13]，兵庫淡路島南岸では 6 月[14]，徳島ははっきりしない[15]が，高知では 6 月に最も多くなった[16]．

概して，日本海側と太平洋側とも，極く沿岸域におけるかいあし類の最も多い時期は，北の方では春季，南では夏季となる．かいあし類の最も多い時期が海域により差異がある原因については不明である．北海道日本海側や東北地方太平洋岸における極く沿岸のかいあし類の多い時期は，それぞれの沖合の動物プランクトンの多い時期と一致している[17, 18]．また東北地方日本海側や北陸では，雪解けによる河川水の流入は春季に多く，これが極く沿岸域の生産と関連しているかもしれない．一方，中国地方日本海側[*1]や関東から九州の太平洋側の沿岸では 3 月から 4 月頃に動物プランクトンは最も多くなり[19]，極く沿岸域におけるかいあし類の多い時期と異なっている．これらの地域では梅雨の時期に降水量が多く，これによる河川の流入と関連して極く沿岸域の生産が行われているため，北日本に比べかいあし類の多くなる時期が遅れるとも考えることができる．

開放的な海域の極く沿岸におけるかいあし類が最も多い時期は，北海道日本海側や東北地方太平洋側では *Pseudocalanus* が優占する[4, 12]．一方，東北から中国地方日本海側[5~8, 10, 11]や関東から四国太平洋側[13~16]の極く沿岸では *Paracalanus*，*Acartia*，*Oithona* 属の種が優占する．かいあし類は，梅雨の時期を中心として *Acartia* や *Oithona* 属の種が多く，秋季や冬季は *Paracalanus* や *Oncaea* 属の種が優占することが多い．Yamaji[20]は，内湾のプランクトン群集について検討し，外洋の影響が強くなるに従い，構成する種が *Acartia* →

[*1] 広田祐一（未発表）

Oithona nana → *Paracalanus parvus* と変化し，さらに *Oncaea* などが多くなることを示したが，これらの海域ではこの順序ないしは逆の順序で構成種が季節変化している場合と，これが認められない場合がありさらに検討が必要である．

仔魚の餌料として重要であるとされるかいあし類ノウプリウス幼生の極く沿岸域における季節変動についての報告はさらに少ない．現在，土佐湾の極く沿岸表面において 1991 年より採集を継続しているが，その個体数は年によって異なるものの 5～9 月頃に 100～300 個体 / *l* に達し，これは概して降水量の多い時期と一致している（図 7·2）．また，長崎においては 9，10 月に，かいあし類ノウプリウスは最も多かった[21]．

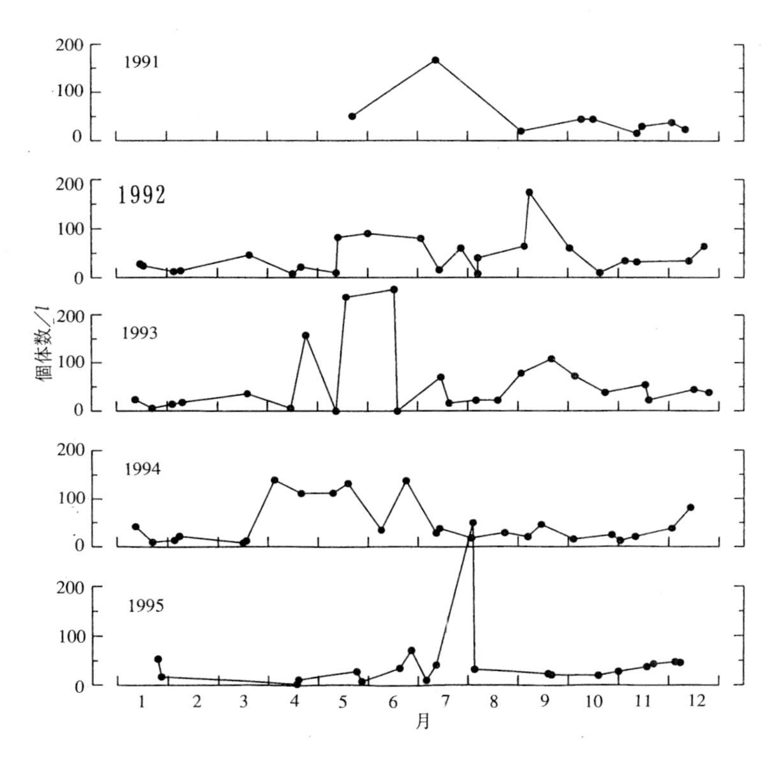

図 7·2　土佐湾湾奥（桂浜沖海深 25 m 付近の表面）におけるかいあし類ノウプリウス幼生個体数の季節変動（広田，未発表）

§2．アミ類

アミ類は，淡水，汽水域から深海まで広く分布する[22]．海洋においてその密度は極く沿岸域の海底近くで多い．極く沿岸域におけるアミ類の密度や量は，季節変動とともに年変動も認められる[23]が，どのような要因によるものか不明である．その分布水深は，成長段階により，潮汐による汀線の変化に伴う移動により，夜間になると浮上する日周鉛直移動により，また岸方向または沖方向への季節的移動を行うことにより変化することが知られている[24~26]．

アミ類の密度や現存量の季節変動は顕著である．新潟五十嵐浜における1984年から1988年の調査では，密度および現存量とも最も多い時期は5年間ともほぼ同じ6月から7月であった[23]．日本の砂浜海岸の極く沿岸域におけるアミ類の季節変動の調査は，日本海側においてはヒラメの着底時期を中心に比較的よく行われている（図7·3，表7·1）．多い時期は，北海道石狩湾の極く沿岸においては10月に[27]，青森から山形では8月から9月であった[28~30]．新潟は7月[23]，富山は5月であった[31]．石川，鳥取，島根においては6月[3, 32, 33]，福

表7·1　アミ類の採集に使用されたネットおよび採集深度

海　域	採集具	網目幅（mm）	採集層水深（m）
北海道岩内湾[27]	ソリネット	0.76	4，8，12の平均
青森県七里長浜[28]	ソリ状枠付き桁網	2	5
秋田県江川地先[29]	ソリネット	1	5
山形県十里塚地先[30]	桁曳網	2	6
新潟県五十嵐浜[23]	ソリネット	0.76	2～4，4～6，6～8，8～10の平均
富山県黒部市大島地先[31]	ソリネット	不明	5（長尾類との合計値）
石川県手取川河口周辺[3]	ソリネット	0.76	3，5，10の平均
鳥取県石脇地先[32]	ソリネット	1	5
島根県大社湾[33]	ソリネット	2	不明 *3
福岡県新宮水域[34]	ソリ型ネット	0.5	ca. 15 *4
長崎県加津佐*1	ソリネット	0.76	2，4，6，8の平均
岩手県大野湾[35]	ソリネット	0.5 or 0.76	8
福島県四倉地先[36]	ソリネット	0.76	5，10の平均
茨城県大洗地先[37]	ビームトロール	2	7，15の平均 *5
高知県春野地先 *2	ソリネット	0.76	5，10の平均

*1　輿石裕一（未発表）
*2　広田祐一（未発表）
*3　網口幅1.6 mネットを220 m曳きした湿重量の値を，単位面積当りに再計算した．
*4　2 kt 3分間曳として再計算した
*5　2 kt 10分間曳として再計算した

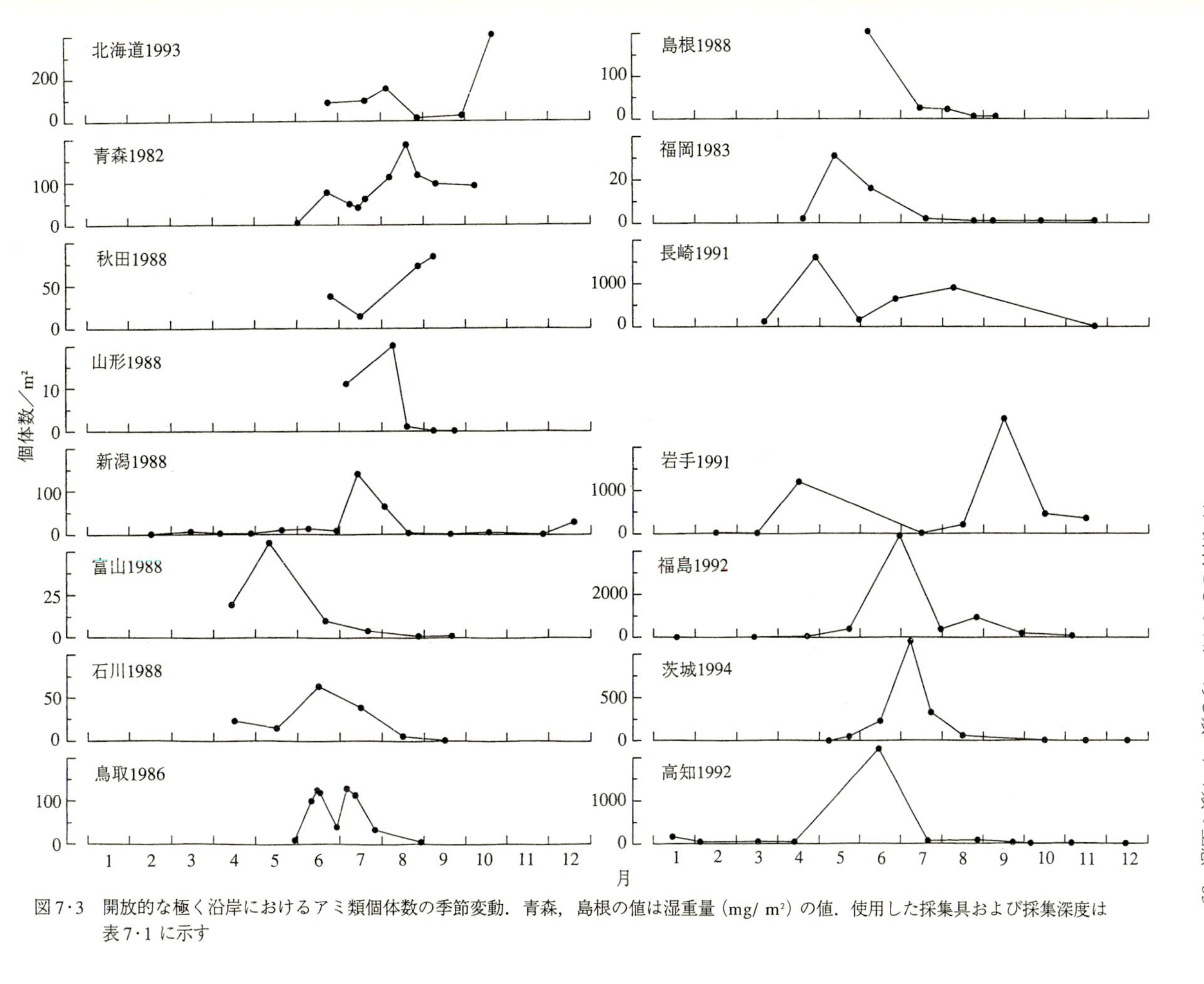

図7·3　開放的な極く沿岸におけるアミ類個体数の季節変動．青森，島根の値は湿重量（mg/ m²）の値．使用した採集具および採集深度は表7·1に示す

岡は5月[34)]，長崎はさらに早く4月であった[*1]．日本海側の極く沿岸域において，アミ類の最も多い時期は北に向かうにつれ徐々に遅れ，長崎に比べ北海道では約5から6ヶ月の遅れが認められた．また，最も多い時のアミ類個体数は100 / m^2 程度であった．

太平洋側の極く沿岸域において，アミ類の季節変動を把握した結果は日本海側に比べ少ない（図7·3）．岩手ではやや閉鎖的な海域における結果ではあるが，9月に個体数密度が高かった[35)]．宮城の仙台湾周辺では7から8月に[*2]，福島や茨城では6から7月に多かった[36, 37)]．さらに南の静岡では7月に[38)]，高知では6月に最も多かった[*3]．東北太平洋側の極く沿岸域におけるアミ類の季節変動は，日本海側と同様に，南から北に向かうにつれアミ類の多い時期が徐々に遅れるようにも見ることができるが，未だ調査例が少なく，さらに調査結果を増やして検討する必要がある．

極く沿岸域において，優占するアミ類は年により異なることがある[23)]．またその分布水深については，汀線や砕波帯付近では潜砂性とされる *Archaeomysis kokuboi* や *A. japonica* が多い．さらに沖合においては新潟では *Acanthomysis robusta* → *Nipponomysis perminuta* → *A. aspera* の順に分布する水深が深くなるが，年により季節によりその水深はやや変化する[26)]．このような年による変化が知られているものの，各海域においてアミ類が最も多い時期に優占する種は，以下のようになる．

北海道の日本海側では *Neomysis czerniawskii* が5 m付近でも10 m付近でも多かった[27)]．青森から島根における日本海の極く沿岸の4～5 m付近で優占する種と，8～10 mで優占する種は異なっている．4～5 m付近では，青森から島根まで *Acanthomysis nakazatoi* が最も優占するか2位であり，能登半島を境に北部では *A. robusta*，西部では *A. pseudomitsukurii* が最も優占することもある．また8～10 m付近では，*Nipponomysis toriumii* が高い比率を占め，北部では *N. perminuta* が，西部では *Neomysis spinosa* も高い比率を占める[3, 26, 28, 29, 32～33, 39)] [*1]．

---

*1 輿石裕一（未発表）

*2 山田秀秋・山下　洋：平成9年度日本水産学会秋季大会講演要旨集

*3 広田祐一（未発表）

一方，太平洋側では岩手から高知まで，水深 5 および 10 m 付近とも *Acanthomysis mitsukurii* が優占する[35~38]．亜寒帯域である岩手と亜熱帯域である高知では水温差は周年 10℃ほどあり，大きく環境が異なっていると考えられるにも関わらず，岩手から高知までの極く沿岸域のアミ類の種組成にあまり差がない．また，太平洋側では水深 5 m と 10 m の優占種が同じことも日本海側と異なっている．新潟と高知における *N. toriumii* の密度の高い水深は，新潟では 5～10 m付近，高知では15～20 m 付近であり，高知で深くなっている（図 7·4）．もし *N. toriumii* 個体の生態が日本海側と太平洋側とで同じならば，日本海側の 5 m 付近と似た場の環境は太平洋側では 5～10 m 付近に拡がっていることになり，それが太平洋側の 5 m と 10 m の種組成を似たものにしているとも考えられる．しかし現在，太平洋側では各水深における種組成の結果の蓄積が，日本海側に比べて不充分であり，さらに検討を進めることが必要であると考えられる．

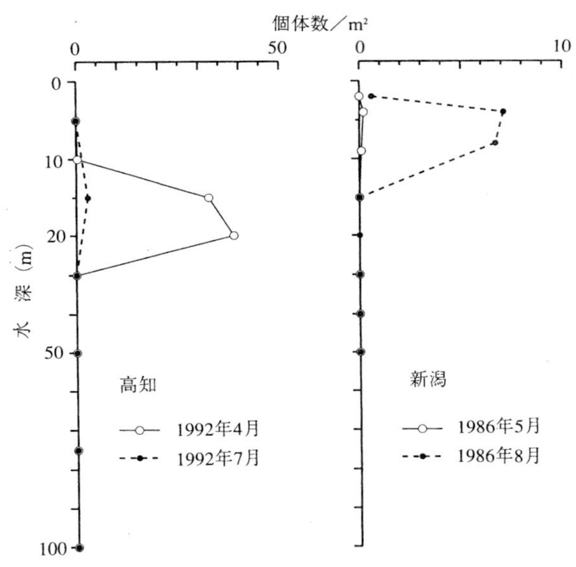

図 7·4　新潟県五十嵐浜および高知県春野地先におけるアミ，*Nipponomysis toriumii* の分布水深（広田，未発表）

§3. まとめ

以上，かいあし類とアミ類の分布生態特に季節変動について述べてきたが，極く沿岸域において浮遊生活をするかいあし類と表在性底生生物であるアミ類の季節変動の様相は，海域ごとにかなり異なっている．また同一海域においても両者の季節変動の様相は異なっている．先に示したように，北海道日本海側や東北太平洋側においてはかいあし類は春季に，アミ類は秋季に多く，東北日本海側や北陸ではかいあし類は春季に，アミ類は夏季に多く，西日本日本海側ではかいあし類は夏季に，アミ類は初夏に多く，さらに相模湾から四国南岸に至る海域ではかいあし類は夏季に，アミ類は初夏を中心に多い．これらの分類群の季節変動は，それぞれの海域の沖合における動物プランクトンの季節変動の様相と一致する海域と一致しない海域がある．一致しない海域については，雨量が多く陸水による栄養塩などの供給が大きいため，その沖合とは異なった生産構造をもち，季節変動の様相も異なっていることが考えられる．さらにかいあし類やアミ類の出現種や優占種についても考慮すると，日本周辺の極く沿岸においては，少なくとも北海道日本海側，東北日本海側と北陸，日本海南部，東北太平洋側，関東から四国南岸に異なった生産構造をもつ生態系を想定して研究を進める必要があるように思われる．

近年，植林，ダムの建設，肥料や農薬の多用などにより陸上より海洋への負荷物の質や量の時期的な変化が著しい．また海岸においては護岸や離岸堤などの構造物が建設されている．このため，極く沿岸域の場の環境は直接的にも間接的にも大きな変化を受けていると考えられる．それぞれ海域における極く沿岸域の生態系における生物生産は，地質年代的な長い時間かかって作り上げられ現在の姿になっていると考えられる．しかし，場の環境の変化に伴い，極く沿岸域の生産構造が質的にも，量的にもすでに大きな影響を受けているところも多いと考えられる．今回示したかいあし類やアミ類の季節変動も，すでに本来のものとは異なった様相となっていた例があったかもしれない．このため，極く沿岸域の生態系の解明には，比較的陸上や海岸の改変されてない海域を調査参照しながら，それぞれの調査海域の人間活動程度の影響を把握しておくことが必要であると思われる．

文　献

1）池脇義弘・澤田好史：海産仔魚の食性－魚類の初期発育，（田中　克編），恒星社厚生閣，1991，pp.86-104.

2）輿石裕一・藤井徹生・野口昌之・広田祐一：マリンランチング計画プログレスレポートヒラメ・カレイ，(3)，253-267 (1988).

3）宇野勝利・貞方　勉・津田茂美・柴田　敏・杉本　洋：加賀砂泥域におけるヒラメ幼稚魚の分布特性に関する調査，大規模砂泥域開発調査事業（日本海域）昭和 63 年度調査報，1989，pp.1-25.

4）北海道立水産孵化場増毛支場：増毛沿岸の動物プランクトン調査，北海道水産孵化場平成2年度事業成績書，1992，pp.88-90.

5）笹尾　敬：昭和58年度秋田水試事報，昭和59年度秋田水試秋田栽漁セ事報，昭和60-63，平成1-2年度秋田水産振興セ事報，112-178, 95-142, 128-163, 144-194, 147-206, 137-194, 110-144, 91-149（1985-1991）.

6）山形県：昭和59-61年度さけ・ます増殖事業振興調査事報，1-139, 1-99, 1-69,（1986-1988）.

7）孫谷英一：昭和53-57年度海域水質調査報，山形水試，1-55, 1-62, 1-66, 1-55,（1979-1983）.

8）富山県：昭和57年度さけます資源増大対策調査報，29-34（1984）.

9）平本義春・遠部　卓・笠原正五郎：鳥取水試報，（20），50-57（1980）.

10）小川嘉彦・中原民男：山口外海水試研報，12，1-8（1972）.

11）古賀文洋：昭和47年度福岡水試研究業務報，104-115,（1974）.

12）宮城県水産試験場魚類科：昭和60，61年度宮城水試事報，171-176（1986，1987）.

13）木立　孝・木幡　孜：小八幡漁場環境調査資料，（2），1-68（1971）.

14）島本信夫・近藤敬三・中村行延・堀知　寛：昭和61年度保護水面（人工藻場造成）効果調査報，1-37，（1987）.

15）佐々木正雄・田原恒男・北角　至：昭和40-51年（1965-1976）－追補昭和52-53年度徳島水試事報，162-165（1979）.

16）木下　泉：*Bull. Mar. Sci. Fish., Kochi Univ.*,（13），21-99（1993）.

17）小鳥守之：水産海洋研報，45，49-55（1984）.

18）小達和子：東北水研報，（56），115-173（1994）.

19）Y. Hirota : *Oceanogr. Mar. Biol. Ann. Rev.*, 33, 151-220（1995）.

20）I. Yamaji : *Publs. Seto Mar. Biol. Lab.*, 5, 157-196, 8 pls.（1956）.

21）小笹悦二：西水研連絡ニュース，（89），11-13（1997）.

22）J. Mauchline : The biology of mysids and euphausiids, in "Adv. Mar. Biol. Vol.18"（ed. by J. H. S. Blaxter, F. S. Russell, and M. Yonge）Academic Press, 1980, pp.1-369.

23）広田祐一：日本海ブロック試験研究集録，(19)，73-88（1990）.

24）高橋一生：三陸大槌湾における潜砂性アミ類の生態，博士論文，東大海洋研．1996，218pp.

25）大方昭弘・菅原義雄・大森迪夫・本多　仁・片山知史・伊藤絹子：砂浜域波打ち際環境を選択するアミ類の物質経済に関する群集生態学的研究，平成7年度科研費（一般研究B）研究成果報，1996，95pp.

26）広田祐一：日本海ブロック試験研究集録，(23)，21-36（1992）.

27）北海道中央水試・北海道函館水試・北海道栽培総合セ：平成5年度放流技術開発事業報告書（日本海ブロックヒラメ班），1994，25-34.

28）池内　仁・小田切譲二：昭和59年度青森水試事報，88-97（1985）.

29）秋田水産振興セ：昭和63年度放流技術開発事業報（日本海ブロックヒラメ班），pp.95-107，（1989）.

30）山形県栽培漁業センター・山形県水産試験場：昭和63年度放流技術開発事報（日本海ブロックヒラメ班），150-157（1989）.

31）富山県栽培漁業センター・富山水試：昭和63年度放流技術開発事報（日本海ブロックヒラメ班），239-248，（1989）.

32）鳥取県栽培漁業試験場：昭和61年度放流技術開発事報（日本海ブロックヒラメ班），141-161，（1987）.

33）島根県栽培漁業センター・島根県水産試験場：昭和63年度放流技術開発事報（日本海ブロックヒラメ班），303-313（1990）.

34) 日高　健・大内康敬・角健　造：昭和58年度福岡水試研究業務報, pp.47-58,（1985）.
35) 山田秀秋・長洞幸夫・佐藤啓一・武蔵達也・藤田恒雄・二平　章・影山佳之・熊谷厚志・北川大二・広田祐一・山下　洋：東北水研報,（56），57-67（1994）.
36) 福島県水産種苗研究所・福島県栽培漁業協会・福島県水産試験場：平成4年度放流技術開発事報（太平洋海域ヒラメ班），19-37,（1993）.
37) 小沼洋司：平成6年度茨城県水試事報, 239-242,（1996）.
38) 静岡県：昭和59-62年度調査報告書，1-338（1988）.
39) 広田祐一・富永　修・上原子次男・児玉公成・貞方 勉・田中　克・古田晋平・小嶋喜久雄・輿石裕一：日本海ブロック試験研究集録,（15），43-57（1989）.

8. エビジャコ－稚魚－小型甲殻類の関係

南　　　卓　志*1

砂浜域における稚魚をめぐる食物関係の中で，とくにカレイ目魚類の稚魚をめぐる捕食，被食については近年多く注目されるようになった．それは，エビジャコがカレイ目魚類の稚魚の有力な捕食者になる可能性を示す現場でのデータや実験結果が発表され，多くの研究者により研究対象にとりあげられるに至ったからである[1~6]．近年，日本においてもイシガレイ稚魚がエビジャコ *Crangon affinis* に捕食されることが天然の海域での調査で明らかにされ[7]，実験室では，ヒラメ[8]，マガレイおよびマツカワの稚魚がエビジャコ類に捕食されることが明らかにされている*2, 3．その他にも，カレイ目魚類の稚魚はカニ類やエビ類など，夜行性の甲殻類により多くの被食を受けることが示唆されている[9]．なかでもエビジャコ類は沿岸での分布量が多く，生産量も大きいと推測されるので，甲殻類によるカレイ目魚類の稚魚の被食を考えるうえで重要な対象生物種と考えられる．本章では砂浜域におけるカレイ目魚類の稚魚をめぐって，その捕食者であるエビジャコ類，稚魚の餌生物である小型甲殻類，なかでもエビジャコ類に着目し，それらの食物関係について論じ，砂浜域におけるカレイ目魚類の稚魚をめぐる生物生産構造の一側面について考察する．

§1. 砂浜域におけるカレイ目魚類稚魚の出現期と分布

砂浜域に季節的に形成されるカレイ目魚類の稚魚の分布状況は，海域により，また魚種により異なるが，極沿岸を成育場とする魚種としては，温暖域のヒラメ，イシガレイ，マコガレイ，寒冷域のヌマガレイ，スナガレイ，クロガレイ，クロガシラガレイなどがあげられる．なかでもヒラメ，イシガレイ，クロガレイ，クロガシラガレイは，極沿岸の水深帯を成育場として利用する．極沿岸の

---

*1 日本海区水産研究所

*2 南　卓志・渡辺研一・中川　亨：平成6年度日本水産学会春季大会講演要旨集．

*3 南　卓志：平成8年度日本水産学会春季大会講演要旨集．

砂浜域における稚魚の出現時期は魚種により異なっている．本州中部に位置する若狭湾西部の由良川河口域では，ヒラメ稚魚は 3 月から出現しはじめ，4～6 月に水深 5 m 以浅を中心にした極沿岸の砂浜域を成育場とする[10]．イシガレイ稚魚も水深 3～5 m に成育場を形成するが，出現期はヒラメより若干早く，2 月に出現し始め，3～4 月に密度が高い[11]．クロウシノシタ，ササウシノシタ，アカシタビラメの稚魚は夏季から秋季にかけての期間に砂浜域に出現する[12]（図 8･1）．北海道東部の太平洋岸に位置する厚岸湾の極沿岸では，水深 2 m 以

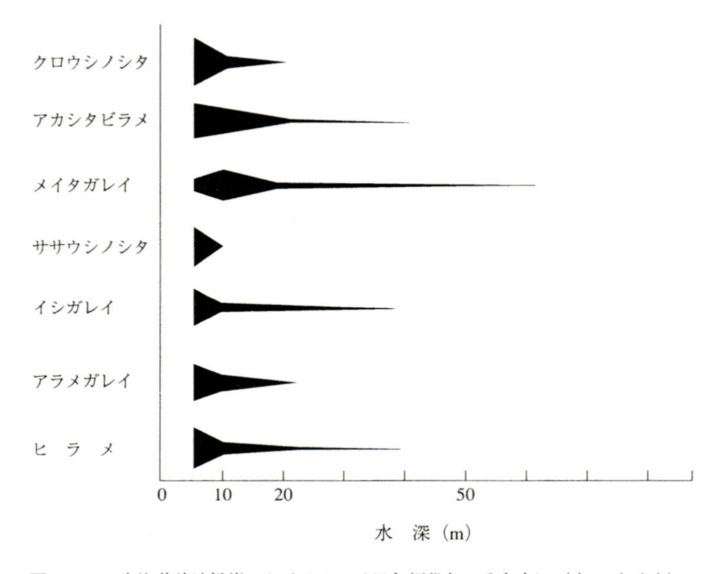

図 8･1　日本海若狭湾沿岸におけるカレイ目魚類稚魚の分布水深（南[12] を改変）

浅の砂浜域にクロガシラガレイ，クロガレイ，ヌマガレイの稚魚が成育場を形成する．これら 3 種の稚魚の出現期は夏季から秋季にかけてである*4．北方の亜寒帯水域と本州中部沿岸域では，砂浜域に出現するカレイ目魚類の稚魚の種組成や出現時期が大きく異なる．カレイ目魚類の稚魚の出現，分布は海域により異なるので，それぞれの魚種により餌生物の動態との関係や捕食種との関係も海域により異なっている．

*4 南　卓志：平成 4 年度日本水産学会秋季大会講演要旨集

§2．砂浜域における稚魚の食性と被食

砂浜域を成育場とするカレイ目魚類の稚魚の食性についてはヒラメ，イシガレイ，クロウシノシタなどについてよく調べられており[11, 13~16]，そのほかにもクロガシラガレイ，クロガレイ，ヌマガレイなどについて断片的ながら餌生物に関する知見がある*4．カレイ目魚類の稚魚の食性は魚種により，多少の差が認められるものの，重要な餌生物としては，かいあし類，端脚類，アミ類，エビ類など小型の甲殻類があげられる[15]．ヒラメの稚魚にとってはアミ類が最も重要な餌生物であることがよく知られているが，成長に伴ってアミ類食性から魚食性に転換し，この転換期にはサルエビ，キシエビ，エビジャコ類などのエビ類が胃内容物として出現する[13~15]．

太平洋沿岸の遠州灘の砂浜域では，8 月から 9 月にかけてクロウシノシタの稚魚が成育場を形成する．着底直後から体長 40 mm までの稚魚の餌生物を調べた結果をみると，体長 15～20 mm ではハルパクチクス目の出現頻度が最も高く，次いでクマ類，体長 20～30 mm ではクマ類，ハルパクチクス目に加えて斧足類幼生，端脚類，多毛類幼生なども出現するようになり，餌生物が多様化する[16]．砂浜域におけるカレイ目魚類稚魚の餌生物としては主として小型の甲殻類が重要である．

カレイ目魚類によるエビジャコ類の摂餌状況をみると，仙台湾における魚類の食性調査によればムシガレイ，ホシガレイの未成魚および成魚の胃内容物におけるエビジャコの出現頻度は 40～50％と高いが，ヒラメ，イシガレイ，マコガレイ，マガレイではいずれの魚種においてもエビジャコの出現頻度は 5％未満と低い[17]．北海道の厚岸湾・厚岸湖における魚類の食性調査によれば，砂浜域に分布しているカレイ科魚類，クロガシラガレイ，クロガレイ，トウガレイ，ヌマガレイの稚魚の胃内容物にエビジャコ類が出現する頻度はそれぞれ 33.3，44.0，45.5％で，クロガレイとヌマガレイでは高い頻度が示されている．カレイ目魚類以外の魚種についてもコマイ，ハタハタ，カジカ類，クサウオ類ではエビジャコが胃内容物として高い頻度で出現する[18]．また，種苗生産され，放流したマツカワ稚魚はエビジャコを摂食している．

§3．砂浜域におけるエビジャコ類の出現分布

カレイ目魚類の幼稚魚にとって捕食者であり，また餌生物ともなりうるエビジャコ類の分布や生態については本書にまとめられている*5．日本産のエビジャコ類の出現海域は北海道から九州に至る沿岸域の広い範囲に広がっており，分布する水深帯は波打ち際から深海に及んでいる．本稿で取り上げる極沿岸の砂浜域に出現するエビジャコ類として，本州沿岸の砂浜域に分布するのは *Crangon cassiope* と *C. affinis* が代表的なものであるが，後者については分類学的に再検討が進められているところでもあり，詳細については今後の研究結果を待たねばならない．

北海道太平洋沿岸の厚岸湾や釧路沿岸の砂浜域におけるエビジャコ類についても *Crangon affinis* と *C. propinquus* の分布が報告されているが [19]，まだ十分な分類学的検討は行われていない．本稿では，*C. cassiope* と *C. affinis* の区別が明瞭でない場合には，エビジャコ類として一括して取り扱うことにする．厚岸湾の極沿岸に形成されている砂浜域で，1993 年から 1994 年にかけて月に 1 度の頻度でエビジャコ類を採集したところ，生物量は 2 月および 11 月に多く，2 月には大型個体によって，11 月には小型の個体によって構成されており，個体数密度は 11 月に最高値を示した（南，未発表）．

本州太平洋沿岸の仙台湾の名取川河口域周辺では，4 月に個体数の最大値がみられる．また，11 月には稚エビが出現する [17]．日本海の若狭湾の由良川河口域においては，4 月から 5 月にかけて水深 3～20 m には *C. cassiope* の密度が高くなり，水深 30 m 以深には *C. affinis* が分布するが，密度は高くない（浜中，未発表）. 同所におけるその後の調査でも由良川河口域において *C. cassiope* の分布密度は 5 月に最高値を示し，近接する小橋海岸では少し遅れて 6～7 月に密度が高くなった．この密度の高さは稚エビの加入によるもので，大型個体は 4 月以前から 6 月まで出現するが，その後は採集されていない *5．日本海沿岸の兵庫県香住海岸沖では，水深 20 m で 4 月にエビジャコ類の密度が高かったが，5 月以降にはいずれの水深でも採集量は少なかった（南，未発表）．砂浜域におけるエビジャコ類の出現は，海域により差がみられるものの主として冬季から春季にかけて大型個体の密度が高くなり，稚エビの加入は夏季から秋

*5 森　純太：本書第 6 章

季に認められる傾向がある．

§4．被食－捕食関係におけるサイズの影響

エビジャコ類によるカレイ目魚類の稚魚の捕食を考えるとき，捕食者と被食者のサイズは重要な要素である．着底直後の稚魚は，エビジャコ類に捕食される可能性が大きいが，稚魚の成長に伴って被食頻度は減少すると思われる．成長した稚魚はエビジャコ類の大型個体にも捕食されなくなり，さらに稚魚のサイズが大きくなると，関係が逆転して，カレイ目魚類がエビジャコ類を餌生物にする．プレイスの稚魚の *Crangon crangon* による被食は，30 mm 以下の稚魚に認められ [1, 6)]，ヒラメ稚魚のエビジャコによる被食実験によれば，25 mm 以下の稚魚がエビジャコに捕食される [8)]．マツカワ稚魚やマガレイ稚魚を用いた同様の実験によってもほぼ同じ結果が得られており [*6, 7]，被食頻度が急激に減少する稚魚のサイズは魚種により若干異なるものの，おおよそ体長 30 mm と推定されている．

§5．エビジャコ類とカレイ目魚類の稚魚の遭遇関係

エビジャコ類によるカレイ目魚類の稚魚の被食が成立するためには，両者の分布と出現期が一致することが条件である．捕食者と被食者の出現期と分布水深の対応関係をいくつかの海域の場合について検討した．

日本海の京都府由良川河口域におけるヒラメ稚魚の出現期は，4～6月であり，稚魚が分布する水深 5 m 以浅におけるエビジャコ類の出現種 *Crangon cassiope* の密度のピークは 5 月に認められ，両者の出現時期と水深帯は一致する（図 8･2）．この時期に出現する *C. cassiope* の体長組成は 20～29 mm の個体が多い．したがってヒラメ稚魚のサイズによっては *C. cassiope* による被食の可能性があると考えられる．一方，イシガレイの稚魚は 3 月から 4 月に出現し，とくに 30 mm 以下の稚魚は主として 3 月に出現することから，エビジャコの密度のピークとはずれている．しかし，イシガレイの産卵期の遅れや，浮遊期仔魚の成長の遅れなどが生じた場合には，*C. cassiope* の高密度分布の時

[*6] 南　卓志・渡辺研一・中川　亨：平成 6 年度日本水産学会春季大会講演要旨集．

[*7] 南　卓志：平成 8 年度日本水産学会春季大会講演要旨集．

期に遭遇する危険がある．

隣接する兵庫県沿岸の砂浜域でのヒラメ稚魚は 5～6 月に水深 10～20 m の海域において出現密度が高いが，エビジャコ類は 4 月に水深 20 m で密度が高く，5 月には激減する．したがって，ヒラメ稚魚とエビジャコ類の時空間的分布は重ならない．また，4 月のムシガレイ稚魚の分布水深は 20～50 m であり，

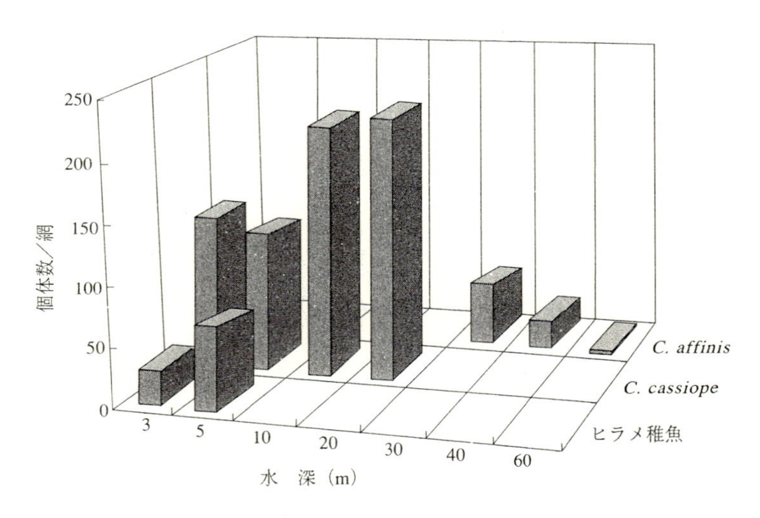

図 8·2　日本海若狭湾の由良川河口の砂浜域におけるヒラメ稚魚とエビジャコ類の分布水深（1973 年 5 月の京都府水試のデータから作図）

エビジャコ類の分布域とは水深 20 m を除いてはほとんど重ならず，出現時期は一致するものの，分布水深が異なることから被食の起る可能性は少ないと推測される（図 8·3）．

東北太平洋沿岸の仙台湾では，ヒラメやカレイ科魚類の着底・成育場となる水深10m以浅の砂泥底には，水温の高い 6 月から 1 月までは稚魚を捕食できる中・大型のエビジャコはほとんど分布しないが，2 月から 5 月にかけては高密度に布し，初夏に着底するヒラメ稚魚に対するエビジャコの捕食は重大な減耗要因とはならないが，春季に着底するイシガレイとエビジャコの出現期と分布域は広く一致することからイシガレイ稚魚に対しては被食が起る条件があることが推測された [7]．

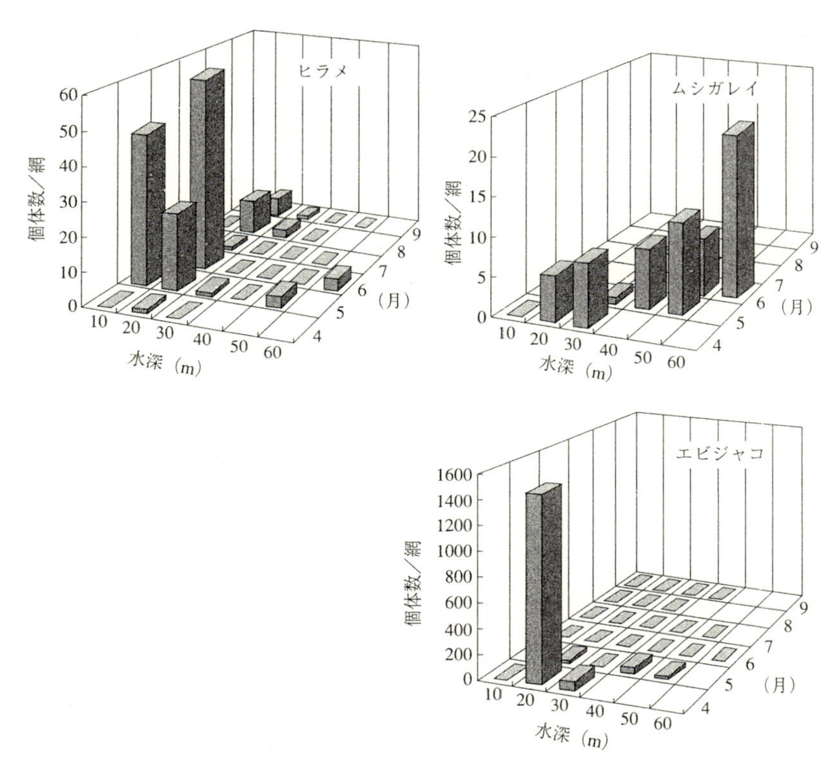

図8･3　兵庫県日本海沿岸におけるヒラメ稚魚，ムシガレイ稚魚，エビジャコ類の分布の季節的変化

表8･1　カレイ目魚類稚魚とエビジャコ類の遭遇関係

種名	海域	稚魚		エビジャコ類		遭遇	遭遇回避要因	文献
		出現期(月)	水深(m)	盛期(月)	水深(m)			
ヒラメ	仙台湾	6	10≧	4	浅海域	無	時期的なずれ	(17；32)
ヒラメ	新潟沿岸	7	10≧	5	30	無	時空間的なずれ	(33)；*1
ヒラメ	山陰沿岸	5～6	10～20	4	20	無	時期的なずれ	*2
ヒラメ	若狭湾	4～6	5≧	5～6	5～10	有		(10)；*2
ムシガレイ	山陰沿岸	5～6	30～50	4	20～50	無	時期的なずれ	*2
イシガレイ	仙台湾	3～4	10≧	4	浅海域	有		(17；24)
イシガレイ	若狭湾	3～4	5～10	5～6	5～10	無	時期的なずれ	(11)；森（本書）；*3
クロガレイ	厚岸湾	7～8	1	11	ca. 1	無	時期的なずれ	2

*1 野口，未発表；*2 南，未発表；*3 浜中，未発表

これらの結果をまとめてカレイ目魚類の稚魚とエビジャコ類の時空間的な遭遇関係について表8·1に示す．ヒラメやイシガレイの稚魚については，海域により両者の出現状況が異なることから，被食の可能性も海域により異なることが推測される．

§6. 食物関係における砂浜域の意義

これまでに述べてきたようなエビジャコ類とカレイ目魚類の稚魚との遭遇が成立する背景には，捕食者による餌生物の探索による分布の重なりが重要な要素となるが，それ以前に双方の棲み場所の選択性の一致，底魚類については特に捕食者の底質選択性と餌生物の底質選択性の一致があげられる．

エビジャコ類の底質選択性については，これまでに研究例は多くないが，*Crangon crangon* の潜砂を実験的に検討した結果により本種の底質選択性を論じた Pinn and Ansell [20] は，エビジャコが最もよく潜砂するのは粒径 125～710 μm の底質であるとしている．一方，カレイ目魚類の稚魚にとっての好適な底質も魚種により多少の差はあるものの，エビジャコ類と近い底質選択性を示す（表 8·2）．カレイ目魚類の稚魚の底質選択性は稚魚の潜砂能力と結びついており [21, 22]，23 mm のヒラメ稚魚は 500 μm 以下の粒径の底土には潜砂で

表8·2　カレイ目魚類の稚魚による底質選択性

種　名	底質	粗砂	中砂	細砂	極細砂	文献
ヒラメ			＋	＋		22
マコガレイ			＋	＋		22
マツカワ			＋			34
プレイス			＋			21

きるが，それ以上の粒径に対しては潜砂できない [23]．着底直後のヒラメ稚魚にとって砂浜域は潜砂の可能な底質であり，潜砂することによって魚類や大型甲殻類による被食を減じることが可能となることが推測される．カレイ目魚類の稚魚の成育場としての砂浜域は潜砂の側面において稚魚に有効であると考えられる．

イシガレイの稚魚は内湾や河口域を主要な成育場としているが，砂浜域もまた成育場として利用されている．これらの異なる成育場におけるイシガレイ稚

魚の成長を比較すると，河口域のほうが砂浜域に分布する稚魚よりも成長が速い[24]．また，エビジャコの分布密度とイシガレイ稚魚密度との関係をみると，砂浜域は捕食者であるエビジャコの密度が高く，かならずしも稚魚にとって有利な環境とはいい難い[7]．砂浜域はかならずしもイシガレイにとって最適の成育場ではない可能性があるが，砂浜域の面積を考慮すると，イシガレイ個体群全体への砂浜域の寄与は少なくないことが推測できる．

§7．今後の研究課題と方向性

本稿では砂浜域が稚魚にとってどのような意味をもつのかを食物関係の側面から考察したが，この研究分野において餌生物の生産構造についての研究が不足していることは否めない．砂浜域における餌生物の生産性が高いのか否かという検討なしに，稚魚にとっての砂浜域が好適な環境であるかどうかは論じることはできない．ヒラメ稚魚などの重要な餌生物であるアミ類の定量的研究は，近年になって成果が報告され始めた段階にある．若狭湾など日本海の沿岸ではヒラメ稚魚の主要な餌生物であるアミ類の種類数が多く，餌生物の動態は複雑であり[25, 26]，アミ類の種ごとの生活史を明らかにし，個体群の動態を把握することは今後の課題として残されている．一方，北部太平洋沿岸ではアミ類のなかでも *Acanthomysis mitsukurii* が浅海の砂浜域において周年にわたり優占し，ヒラメの出現期である夏季から秋季にかけて密度が高くなった．ヒラメ稚魚は本種を主な餌生物としており，餌生物となっているアミ類の種組成は単純である．*A. mitsukurii* の生態については，研究が進められている[27~29]．

着底直後の稚魚の餌生物である底生性かいあし類の分布量や季節的変動については，ほとんど知見がない．稚魚にとっての砂浜域の意義を考える上で極めて重要な餌生物の動態に関する研究が未だ十分ではなく，今後の研究の成果が待たれる．

稚魚の被食については，エビジャコ類やカニ類によるよりは魚類による減耗が大きいことが推測される[9, 30, 31]．甲殻類による被食の研究とともに魚類による被食の研究も進める必要がある．また，本章で取り上げたエビジャコ類の生態についても詳細な研究はわずかな海域において行われただけで，稚魚との関わりを調べたものはほとんどないのが現状である．天然海域における被食の定量的研究は研究手法上で困難な点が多いが，減耗実態の解明を行う上で避けられない重要な課題である．

今回，カレイ目魚類をめぐる食物関係の鍵種として取り上げたエビジャコ類については，日本周辺に分布する *Crangon* 属について分類学的検討が進行中である（林　健一氏の私信）．この検討結果に基づいて生態学的研究が進められることが重要であろう．

文　献

1）H. W. van der Veer and M. J. N. Bergman: *Mar. Ecol. Prog. Ser.*, 35, 203-215（1987）.

2）M. J. N. Bergman, H. W. van der Veer, and J. J. Zijlstra : *J. Fish Biol.*, 33（Suppl. A），201-218（1988）.

3）H. W. van der Veer, L. Pihl, and M. J. N. Bergman : *Mar. Ecol. Prog. Ser.*, 64, 1-12（1990）.

4）A. D. Ansell and R. N. Gibson : *J. Fish Biol.*, 43, 837-845（1993）.

5）D. A. Witting and K. W. Able : *Mar. Ecol. Prog. Ser.*, 123, 23-31（1995）.

6）R. N. Gibson, M. C. Yin, and L. Robb : *J. Mar. Biol. Ass. U. K*, 75, 337-349（1995）.

7）Y. Yamashita, H. Yamada, K. D. Malloy, T. E. Targett, and Y. Tsuruta: Sand shrimp predation on settling and newly-settled stone flounder and its relationship to optimal nursery habitat selection in Sendai Bay, Japan. in"Survival Strategies in Early Life Stages of Marine Resources"（ed. by Y. Watanabe, Y. Yamashita, and Y. Ozeki）, A. A. Balkema, 1996, pp.271-283.

8）T. Seikai, I. Kinoshita, and M. Tanaka : *Nippon Suisan Gakkaishi*, 59, 321-326（1993）.

9）S. Furuta : Predation on juvenile Japanese flounder（*Paralichthys olivaceus*）by diurnal piscivorous fish: Field observations and laboratory experiments, *in* "Survival Strategies in Early Life Stages of Marine Resources"（ed. by Y. Watanabe, Y. Yamashita, and Y. Ozeki），A. A. Balkema, 1996, pp.285-294.

10）南　卓志：日水誌，48，1581-1588（1982）.

11）南　卓志：日水誌，50，551-560（1984）.

12）南　卓志：漁業資源研究会議北日本底魚部会報，20，93-100（1987）.

13）梶川　晃：鳥取水試報，15，25-33（1974）

14）乃一哲久：初期生態.ヒラメの生物学と資源培養（南　卓志・田中　克編），恒星社厚生閣，1997，pp.25-40.

15）南　卓志：海洋と生物，7，468-471（1985）.

16）静岡県：大規模砂泥域開発調査事業（遠州灘海域）昭和 63 年度，平成元年度調査報告書．98pp.（1990）.

17）小坂昌也：東海大紀要（海洋），4，59-80（1970）.

18）渡辺研一・南　卓志・飯泉　仁・今村茂生：北水研報，60，239-276（1996）.

19）駒井智幸・丸山秀佳・小西光一：甲殻類の研究，21，189-205（1992）.

20）E. H. Pinn and A. D. Ansell : J. *Mar. Biol. Ass. U. K.*, 73, 365-377（1993）.

21）R. N. Gibson and L. Robb : *J. Fish Biol.*, 40, 771-778（1992）.

22）M. Tanda : *Nippon Suisan Gakkaishi*, 56, 1543-1548（1990）

23）反田　實：水産増殖，36，21-25（1988）.

24）大森迪夫・鶴田義成：河口域の魚類，河口・沿岸域の生態学とエコテクノロジー（栗原康編），東海大学出版会，1988，pp.109-118.

25）広田祐一：日本海ブロック試験研究集録，19，73-88（1990）.
26）広田祐一・富永　修・上原子次男・児玉公成・貞方　勉・田中　克・古田晋平・小嶋喜久雄・輿石裕一：日本海ブロック試験研究集録，15，43-57（1989）.
27）山田秀秋・長洞幸夫・佐藤啓一・武蔵達也・藤田恒雄・二平　章・影山佳之・熊谷厚志・北川大二・広田祐一・山下　洋：東北水研報，56，57-67（1994）.
28）H. Yamada, T. Kawamura, T. Takeuchi, and Y. Yamashita : *Bull. Plankton Soc. Jpn.*, 42, 43-52（1995）.
29）H. Yamada and Y. Yamashita : *ibid.* 42, 141-146（1995）.
30）渡辺研一・中川　亨・今村茂生：栽培技研，24，27-33（1995）.
31）乃一哲久・草野　誠・植木大輔・千田哲資：長大水研報，73，1-6（1993）.
32）宮城県水産試験場：太平洋北区栽培漁業漁場資源生態調査報告書，1975，64pp.
33）加藤和範：新潟水試研報，12，27-41（1987）.
34）南　卓志・澤野敬一・中川　亨・渡辺研一：北水研報，58，53-60（1994）.

Ⅳ．仔稚魚の生活様式

9．幼生の接岸と着底の機構

田　中　　克[*1]・曽　　朝　曙[*1, 2]

砂浜海岸域は若齢期の魚類にとってかけがえのない成育場の一つである．浅海砂浜域を稚魚の成育場とする魚類には，多様な場所で生まれた後，ある期間を沿岸域に広く浮遊分散して経過するものが多い．一方，砂浜浅海域に生息する底生性の甲殻類などの幼生は雌親から放出されると一度沿岸域へ広く分散して浮遊生活を送る．これらの幼生の多くは発育に伴って成育場所を沿岸域から岸近くの浅所へ移す．この時の発育ステージや体長は種ごとに限られており，浅所への来遊は単なる分布の広がりによる偶然的なものではなく，必然的な過程と考えられる．本稿では，接岸や着底の機構がより明瞭に現れる甲殻類幼生での最近の知見を紹介し，魚類においてもその存在が示唆されている選択的潮汐輸送について考える．

§1．浅海性海洋生物にとっての月周及び潮汐リズム

生物は多様な周期的環境変化に適応して，様々なリズムを内在し，それに基づく周期的活動を行っている．浅海域に生息する海洋動物では環境の日周変化とともに潮汐周期やその源となる月周期に起因する環境の周期的変化はとりわけ重要であり，行動や生態上の変化を引き起こす“引き金”ともなる．

1･1　オウムガイが語る月一地球系の進化

潮汐の強さに直接関わる月と地球の距離は地質年代を通じて変化し，現在も次第に長くなる方向へ変化していることが天文学的証拠により確かめられている．過去に遡ってこの距離の変化を推定する試みも行われ，Kahn and Pompea [1] はオウムガイ類の分室（生体の居住する住房の奥の部分を新たな分室として仕

*1 京都大学大学院農学研究科
*2 Chaoshu Zeng

切る壁）は月周期的に形成され，隣接する隔壁間の輪紋数は月が地球の周りを 1 周する日数に対応するとした．様々な地質年代より採取されたオウムガイの化石の隔壁間の輪紋数を走査電顕で調べた結果，予想通り古い化石ほどその数は少なく，最も古い 4.2 億年前の前期オルドビス紀のものでは 9.5 本であった．彼らの仮定によると，この当時月は約 12 日で地球の周りを 1 周し，月と地球の距離は現在の約 40％前後であったことになる．その後の研究は，この研究結果に否定的ではあるが，かって月は地球により近かったことは確かであり，海洋動物（無脊椎動物）はその進化の初期より月周期や潮汐周期の影響を強く受ける環境下で再生産を行っていたものと考えられる．

1・2 陸生ガニの再生産と潮汐リズム *

カニ類はもともと水生動物であるが，中には陸上に生活の基盤を移した種もみられる．しかし，彼らも完全に水中生活を脱却したわけではなく，個体発生初期は水圏に依存している．アカテガニ *Sesarma haematocheir* は水辺に近い草地や沼地に生息する最も普通に観察できる陸生のカニであり，成熟卵を抱えた雌は幼生を放出する時期になると水辺に現れる．その出現数の経日変化には半月周期性（新月および満月時に増加）がみられること，幼生放出は日没後に行われるが，満潮が日没後に生じる場合には満潮後の下げ潮に放出を遅らせることが知られている[2]．このような日周期と潮汐周期が複合した潮汐リズムによる幼生放出は，幼生の分散や被食の低減への適応と考えられる．

1・3 魚類の生理・生態にみられる月周期

無脊椎動物ほど事例は多くはないものの，魚類の生態にも月齢や潮汐が関わる事実が知られ，特にクサフグ *Takifugu niphobles* や北米西岸に生息する *Leuresthes tenuis*（トウゴロウイワシ科）の新月の満潮時に大群で行われる産卵が有名である．一方，月周期と魚類生理の直接的関係を示す事例は少ないが，サケの銀化変態を引き起こす血中甲状腺ホルモン（T_4）濃度の一過性の上昇が新月に同期して生じる事例はその一つであろう．Grau ら[3]によると，アメリカ西岸の複数の河川で複数の年に調べたギンザケ *Oncorhynchus kisutch* 稚魚の血中 T_4 濃度はいずれも 3 月中～下旬の新月に同期して急上昇した．同様の現象

*[1] 厳密には概潮汐リズム（circa-tidal rhythm）と表現するべきであるが，慣用的には潮汐リズムとして表現される場合が多い．

はマスノスケ *O. tschawytscha* やサクラマス *O. masou* でも認められており[4, 5]，月が魚類の生理に直接影響を与える可能性を示唆した事例として注目される．

§2．幼生の輸送機構ー幼生は単なる粒子ではない

底生無脊椎動物の幼生の方向をもった輸送にはいろいろな可能性が考えられている．方向性をもった遊泳，吹送流やラングミュアー循環など風による輸送，潮汐残差流による移送，収束域における内部波，内部潮汐によって生じる bore，潮流中における日周鉛直移動による輸送，密度流による輸送，フロントや渦流の効果，潮汐による選択的輸送などがあげられ，それらに関する詳しい総説も発表されている[6~10]．これらの多様な輸送機構は，幼生が生息する環境自身の物質輸送機能に重点を置いた考えと，幼生自身の環境への反応に根拠を置いた考えに大別される．

米国バージニア州 James 川河口域におけるマガキ幼生の動態に関する研究で，Woods and Hargis[11] は幼生の採集数は下げ潮時より上げ潮時に多く，そ

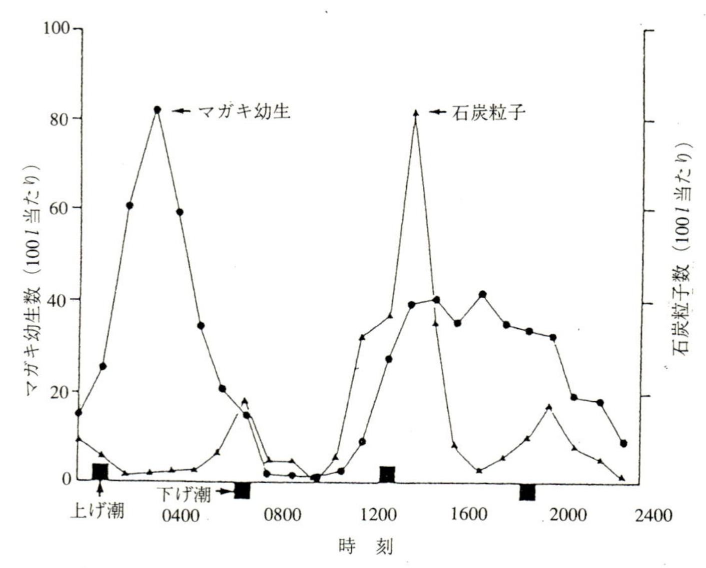

図 9･1　米国バージニア州 James 川河口域におけるマガキ幼生と石炭粒子採集量の経時変化－同サイズで同密度の 2 種の粒状物の挙動は著しく異なる．（Woods and Hargis[11] による）

の鉛直分布は同サイズで同密度の石炭粒子のものとは著しく異なることを示した（図 9･1）．このことは，幼生には非生物粒子とは異なる動きが存在することを示している．本報では幼生の行動に根拠を置いた輸送機構に注目する．

§3．各種の幼生の出現動向にみられる潮汐リズム

河口域における経時的連続採集により，甲殻類，多毛類，軟体動物，二枚貝類など多くの無脊椎動物は選択的に潮汐を利用している証拠が得られている．最近の進んだ研究は十脚目の幼生を対象にしたものが多い．それらの中で典型的な研究は，米国ノースカロライナ州 Newport 川河口域におけるカニ類メガロパ幼生の水中への出現動態に関するものである[12]．大潮時と小潮時にわたる数次の連続採集のいずれの場合にも幼生の出現が急増するのは夜間の上げ潮時であり，それは調べた 5 種全てに共通していた（図 9･2）．十脚目のメガロパ幼生は上げ潮の流れを選択的に利用して河口域を遡り，稚ガニの成育場に辿りつく．

河口域における同様の“選択的潮汐輸送”は他の動物群の幼生でも調べられているが，河口域以外の沿岸浅海域における調査事例は少ない．この原理は基本的には沿岸浅海域においても有効であるとの考え[10,13]に基づき，Zeng and Naylor[14,15]は北ウェールズ沿岸浅海域に広く分布するイソワタリガニ *Carcinus maenas* を対象に，野外調査と室内実験を組み合わせて選択的潮汐輸送のメカニズムを詳しく調べた．図 9･3 は，野外調査結果の 1 例であり，砂浜海岸を含むいろいろな場所で行ったプランクトンネットの表層曳きにより得られたイソワタリガニのメガロパ幼生の出現量を潮時を基準に示したものである．幼生の表層への出現は干潮時にはほとんどみられず，上げ潮とともに急増し，満潮 1～2 時間前に最大値に達した後，下げ潮とともに急減している．表層への出現量の増加は特に夜間の上げ潮後半に顕著であった．また，大潮時にメガロパ採集量が有意に増加する半月周期性も確認されている[16]．

§4．内因的潮汐リズム

図 9･3 にみられるようなイソワタリガニのメガロパ幼生の上げ潮に連動した鉛直移動は，潮汐という外的環境変化への単なる反応なのであろうか．それとも生体内に刻み込まれた一種の“生物時計”によって生じるものであろうか．この

点を明らかにするため Zeng and Naylor [15] はイソワタリガニのゾエアⅠ期幼生を野外で採集し，明るさを一定にした室内水槽で遊泳活動を 5 日間連続して記録した．図 9·4 に示すように雌親より放出されて間もないゾエアⅠ期幼生は顕著な活動の周期性を示し，その浮上活動のピークは見事に外界の下げ潮時に対応した．このような定常条件下での遊泳活動にみられる周期性は，内因的な潮汐リズムの存在を示している．しかも，このようなリズムは潮汐変化のない室内水槽で飼育していた雌親から生まれた直後のゾエアにもみられることより，遺伝的に組み込まれた情報として親から子供へ受け渡されていると考えられる [17]．

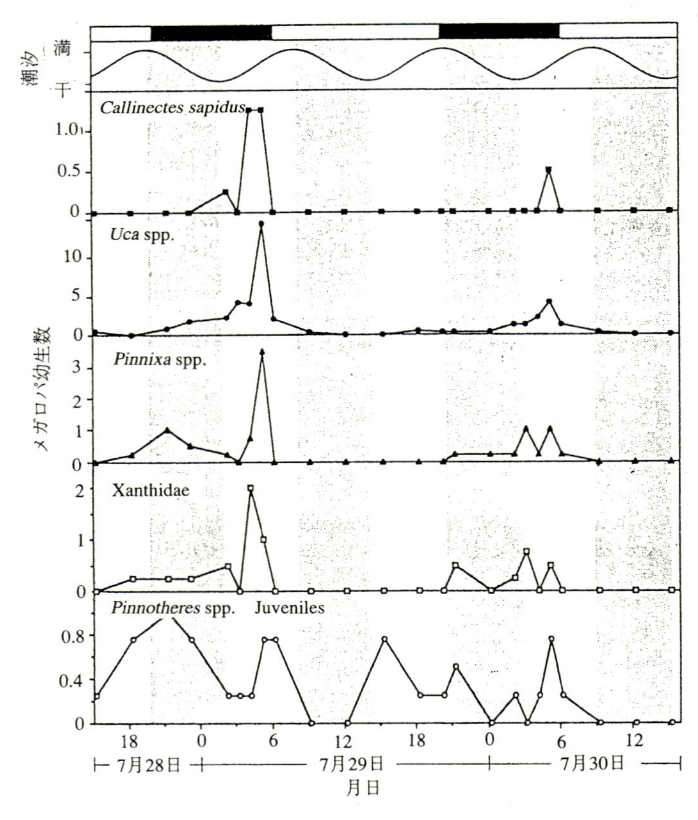

図 9·2　米国ノースカロライナ州 Newport 川河口域におけ
化－5 種の幼生とも水中への出現量は夜間の上げ潮

ところで，イソワタリガニのメガロパ幼生の野外調査で得られた潮汐リズム（図 9·3）と野外で採集したゾエアＩ期幼生を用いた室内実験で得られた潮汐リズム（図 9·4）では活動性の高まる潮時が正反対となっている．このことは生態的には極めて重要な意味をもち，海岸線近くの浅海域で生まれたゾエア幼生は下げ潮時に活発に遊泳して上層に移動することにより効率的に沖方向へと輸送分散されることになる．一方，ある段階まで発育が進んだ幼生はある時点で“生物時計”を 6 時間 30 分前後遅らせる（あるいは早める）ことにより上げ潮時に活動を同期させ，向岸性の流れに乗って岸近くへの回帰を可能にする．

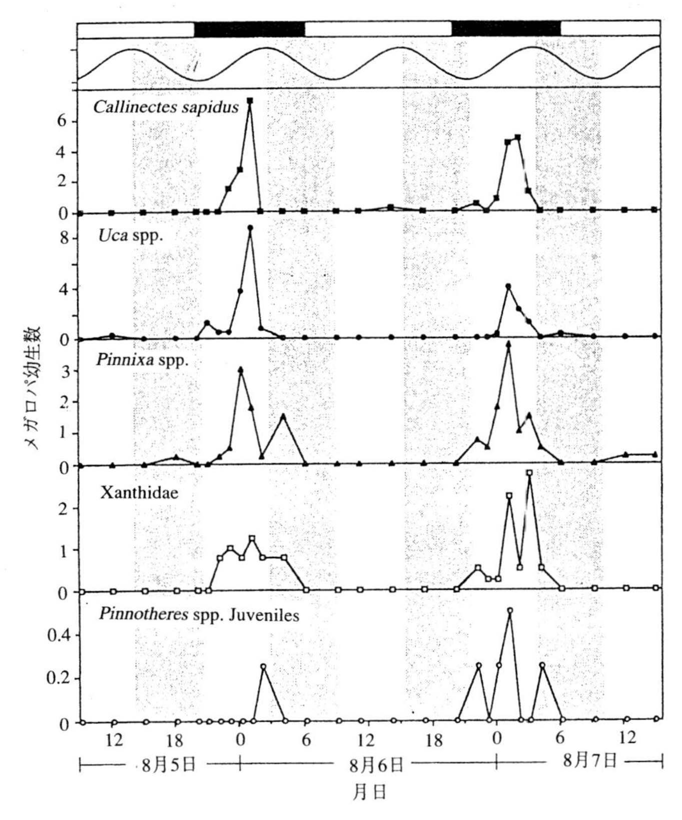

る十脚類 5 種のメガロパ幼生の採集量にみられる経時的変
時に限られる．（De Vries *et al.*[12] による）

§5. 選択的潮汐輸送の多様性と柔軟性

選択的潮汐輸送を支える機構として 2 つの際立った考えがある．一つは，この輸送は基本的には受動的なものであり，物理過程のみによって説明できる“passive transport” とするものである．例えば，オランダの Wadden Sea でフジツボ幼生の挙動を調査した Wolf [18] は，幼生は上げ潮と下げ潮の両方で水中に巻き上げられ，潮が止まる時に底に沈むことを観察した．河口域の奥部では上げ潮の流れが下げ潮を上回る結果，幼生は上流側へ輸送されるとした．多様な動物群にみられる多様な個体発生様式，さらには多様な環境構造の存在は，種や場所によっては“受動的な” 選択的潮汐輸送が生じる可能性を示唆している．しかし，多くの最近の研究は輸送の過程には動物自身の積極的な行動が深く関わる“active transport” を支持している．

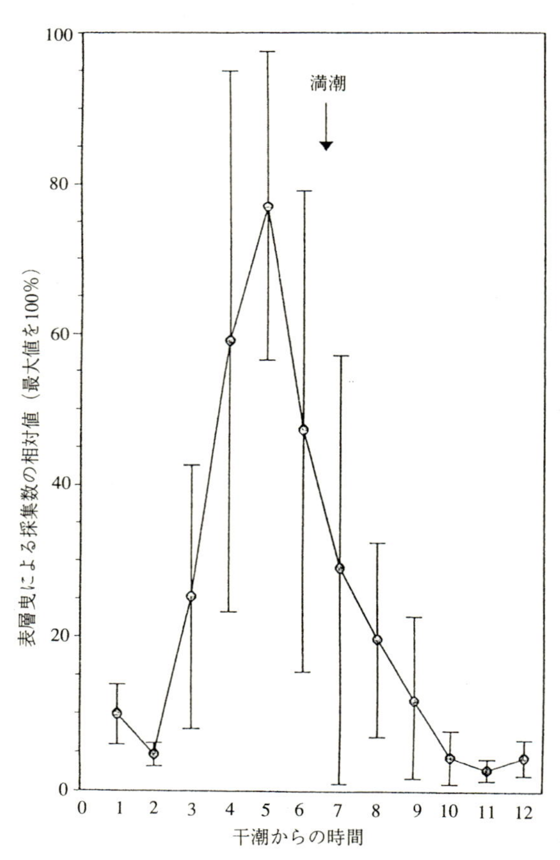

図9·3　北ウェールズ沿岸浅海域におけるイソワタリガニメガロパ幼生の海面近くでの採集量（相対値）と潮時の関係（採集時刻，採集日，潮位などを無視して全ての事例をまとめた）－幼生の出現量は上げ潮時に急増し，満潮 1～2 時間前に最大に達した後，下げ潮とともに急激に減少している．(Zeng and Naylor [14] による)

Active transport は幼生の潮時による鉛直分布の変化によって実現されるが，それには先に述べたイソワタリガニ幼生のように内的 cue（生物時計に制御された潮汐リズム）に根ざした場合とともに，単に外部環境因子への反応として発現する場合も認められている．アメリカ大西洋沿岸に広く分布する blue crab *Callinectes sapidus* のメガロパ幼生は図 9·2 に示したように，選択的潮汐輸送によって河口域の奥部へと侵入する．しかし，本種を室内定常条件下に移した場合には周

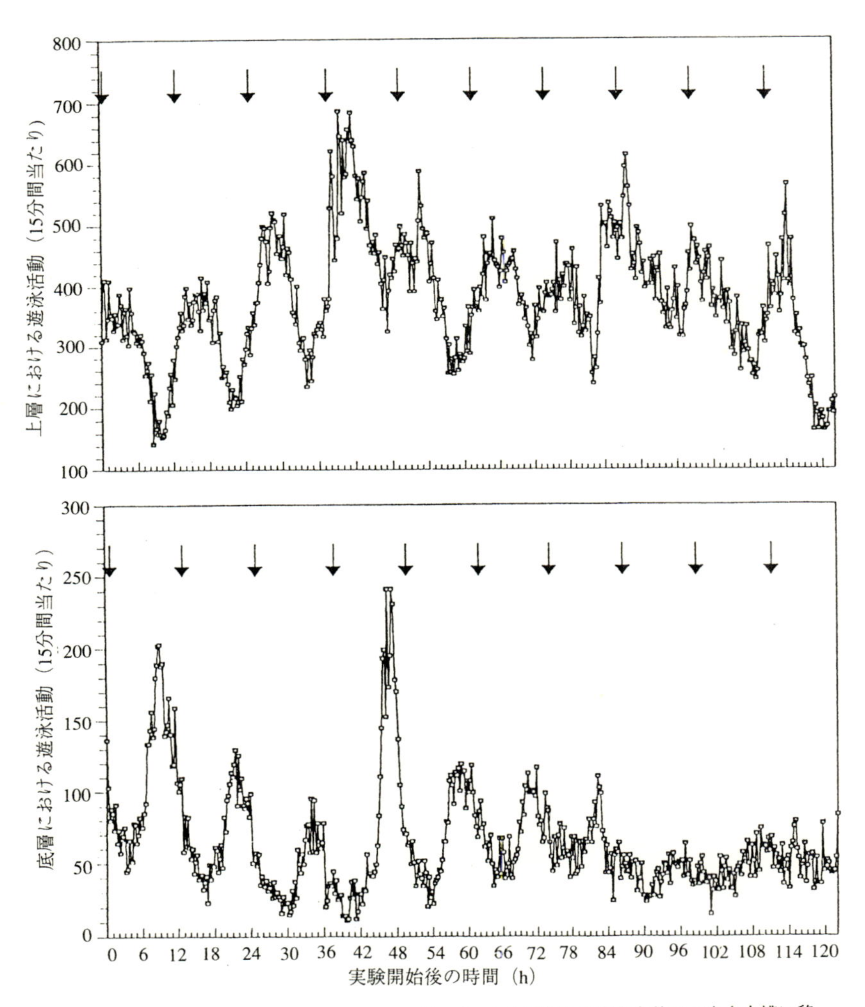

図 9·4　野外で新たに採集したイソワタリガニゾエアＩ期幼生を定常条件下の室内水槽に移し，活動の時間的変化を観察した結果の 1 例－採集した場所の潮汐（矢印は満潮を示す）に対応した活動のリズムが観察された．（Zeng and Naylor [15] による）

期的な活動は示さず，明らかに内因的潮汐リズムを欠く．いくつかの外的同調因子が検討された結果，blue crab のメガロパは塩分変化を潮汐の予知因子として利用し，上げ潮に伴う塩分の上昇に反応して水中に浮上すると考えられている[12, 19]．

選択的潮汐輸送は，遊泳力の乏しい微小な幼生にとっては効率的な生息場のシフト機構といえる．しかし，上げ潮時に水中に浮上して所定の水深帯に定位するためにはそれなりのエネルギー消費を伴う．選択的潮汐輸送を最も効率的に行うためには，上げ潮時に海表面まで浮上し，下げ潮時には海底に着地することである．マングローブ域に生息するノコギリガザミ *Scylla serrata* の雌親は産卵期には沖へ移動して幼生を放出する．本種のメガロパ幼生は河口域では水中からほとんど採集されず，海面を浮遊するマングローブの葉に付着していることが明らかにされている[20]．河口域においてマングローブの葉に付着あるいは付随した幼生の数を経時的に調べた結果，上げ潮時には多いが下げ潮時には皆無（おそらく葉を離脱して着底している）であった（図 9·5）．マング

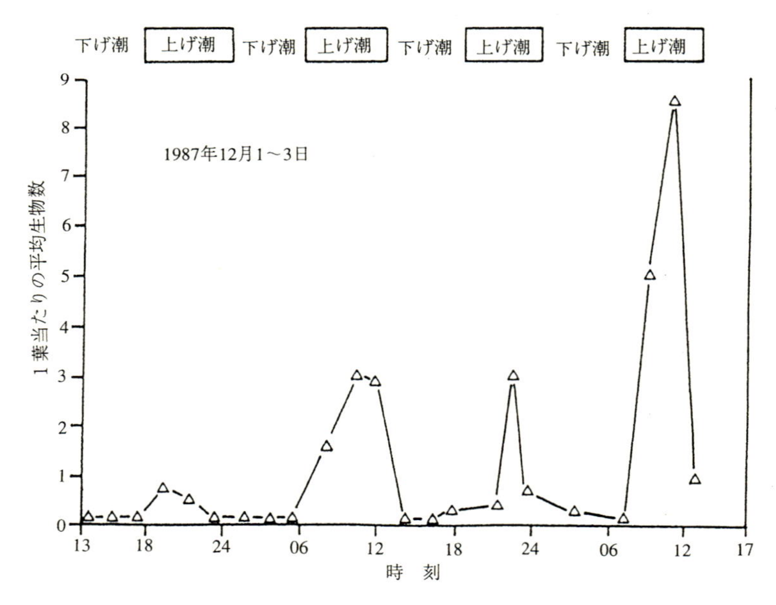

図 9·5　河口域に漂うマングローブ葉に付着した微小動物個体数の経時変化－上げ潮時に付着数は増大し，下げ潮時にはほとんど皆無であった（Wehrtmann and Dittel[21] による）．

ローブ河口域という環境に適応した見事な“省エネ型”選択的潮汐輸送である[21]．しかも，大変興味深いことに，MacIntosh[20]によると河口域の奥部ではメコギリガザミのメガロパは上げ潮時ではなく下げ潮時に葉に付着している場合が多い．これは稚ガニに変態して着底するのにふさわしい場所を選ぶための調整と考えられている[20]．

同様の調整機構はイソワタリガニ幼生でも認められている．本種は約 13 日間でメガロパへの最終脱皮を終えて稚ガニに変態する．変態前数日のメガロパ幼生を野外で採集して前述のゾエア幼生と同様に室内定常条件に放置すると，図 9･6 のように顕著な潮汐リズムを示す[15]．しかし，最も活動が活発になる潮時は下げ潮時であり，野外での観察結果（図 9･4：上げ潮時に表層での採集量が最大となる）とは正反対である．これらは，浅い水槽に入れられた幼生は着底場所へ到達したことを感知するが，変態にはなお数日を要するため潮汐リズムのフェーズをシフトさせ下げ潮に乗って再び沖方向へ戻る調整機構の発現を示唆している[14]．

以上のように，幼生が選択的潮汐輸送を利用する方法は多様であり，同時に最適の生息場を選択する上でこれは十分に柔軟な機構であることが伺える．

§6．魚類における選択的潮汐輸送

選択的潮汐輸送の最初の報告は河口域におけるマガキ幼生の分布に関するもの[22]であるが，これを除くと 1960 年前後にシラスウナギの回遊を対象に展開された Creutzberg の一連の研究が特筆される[23~26]．その後，この効率的な輸送機構は，北海におけるプレイス *Pleuronectes platessa* 成魚の産卵場への回遊にも当てはまることが確かめられた[27, 28]．これらの研究より，魚類幼生の河口域や砂浜海岸への来遊にも選択的潮汐輸送が機能している可能性が推定されたが，無脊椎動物幼生ほどには研究は進まず，断片的知見が見られるに過ぎない．しかし，カレイ目魚類ではプレイス[29]，マコガレイ[30]，イシガレイ[31, 32]，English sole[33]，summer flounder[34]，ヒラメ[35, 36]などで選択的潮汐輸送の可能性が示唆されている．これらの研究の多くは接岸輸送は変態期に発現することを明らかにしている．魚類の変態は仔魚から稚魚への移行であり，幼生の体構造と機能が成体の体構造と機能に転換し，脊椎動物としての基本型が整う時期と考えられる[37]．この点では，無脊椎動物とは異なるメカニズム[38]の存在が期待される．

魚類の選択的潮汐輸送に関する研究が進んでいないのは，無脊椎動物ほど自然界では個体密度が高くなく，質の高いデータがとりにくいこと，接岸過程が

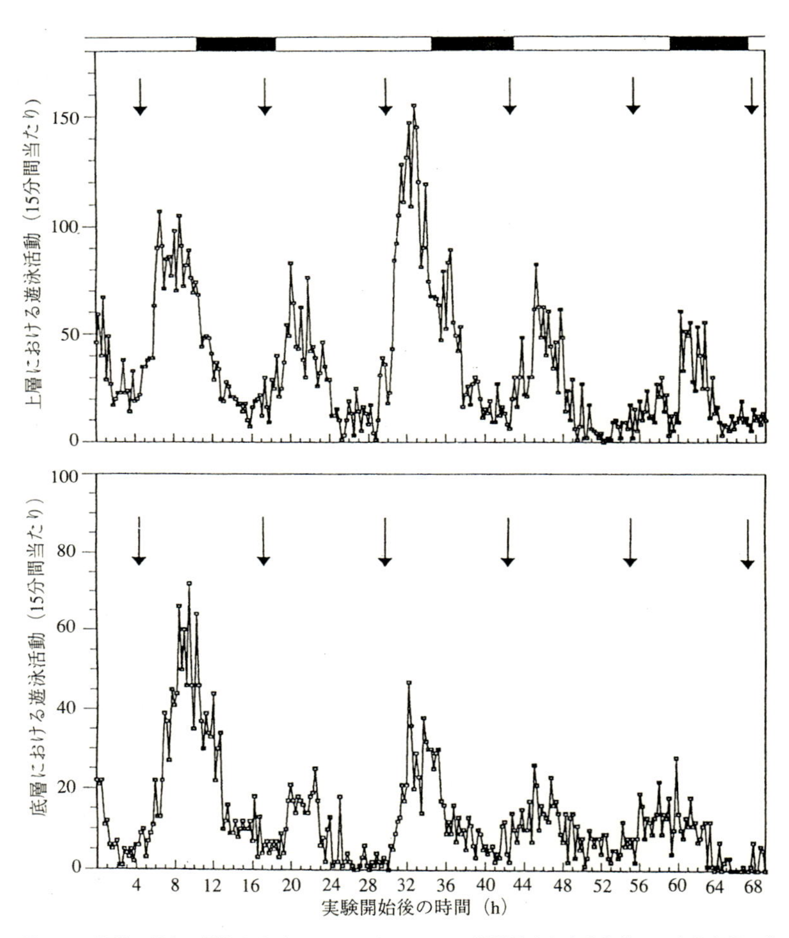

図9·6　野外で新たに採集したイソワタリガニメガロパ後期幼生を定常条件下の室内水槽に移し，活動の時間的変化を観察した結果の1例－明瞭な circa-tidal rhythm が認められるが，図9·3 に示した野外調査結果と大きく異なる点が注目される（Zeng and Naylor[14] による）

より多様で複雑化していること，感覚系や運動器官を始めとする諸器官の発達によってより能動的（遊泳）要素が働くこと[24]，より高次の制御機構が働き環境との直接の対応が顕在化しにくいことなどが考えられる．カレイ目魚類では，特に変態制御ホルモンである甲状腺ホルモンが潮汐リズムや日周リズムの発現にどのように関わっているかを実験的に解明する必要があると考えられる．

沿岸浅海域で最も普遍的で予測性の高い環境成分は潮汐とそれによって生じる潮流と考えられる[39]．多くの海洋動物の幼生に見られる接岸は潮汐に連動した鉛直行動の水平移動への転化として実現される．この選択的潮汐輸送機構は多くの海洋動物の回遊や移動にとって普遍性の高い原理であり，とりわけ遊泳能力の未発達な幼生の方向性をもった移動には極めて効果的である．筆者らがスズキ稚魚の遡上生態を調べている有明海筑後川河口域には汽水性かいあし類の *Sinocalanus sinensis* が生息している．毎秒数 10 トンの淡水が流入するにも関わらず，彼らは常に塩分 1～15 前後の汽水域に分布している．おそらく彼らの定位にも選択的潮汐輸送の原理が働いているのであろう．この原理の中心となる潮汐リズムは，単に接岸や定位に関わるだけでなく，着底後の若齢期の動物にとって摂食や捕食者からの防衛の上でも重要な意味をもつと考えられる[40]．砂浜海岸における仔稚魚の生物学にこのような視点からの新しいページが加わることを期待したい．

文　献

1）P. G. K. Kahn and S. M. Pompea : *Nature*, 275, 606-611（1978）.

2）M. Saigusa : *Jpn. J. Ecol.*, 35, 243-251（1985）.

3）E. G. Grau, W. W. Dickhoff, R. S. Nishioka, H. A. Bern, and L. C. Folmar : *Science*, 211, 607-609（1981）.

4）E. G. Grau, J. L. Specker, R. S. Nishioka, and H. A. Bern : *Aquaculture*, 28, 49-57（1982）.

5）K. Yamauchi, M. Ban, N. Kasahara, T. Izumi, H. Kojima, and T. Harako : *Aquaculture*, 45, 227-235（1985）.

6）W. C. Biscourt : *NATO ASI Sceries*, 239, 183-202（1987）.

7）C. E.Epifanio : *Am. Fish. Soc. Symp.*, 3, 104-114（1988）.

8）J. R. McConaugha: *ibid.*, 3, 90-103（1988）.

9）P. C. Rothlisberg : Mechanisms of cross-shelf dispersal of larval invertebrates and fish. *in* “LECTURE NOTES ON COASTAL AND ESTUARINE STUDIES”（ed. by B. O. Jansson）, Springer-Verlag, 1988, P.273-290.

10) A. L. Shanks : Mechanisms of cross-shelf dispersal of larval invertebrates and fish. *in*"ECOLOGY OF MARINE INVERTEBRATE LARVAE" (ed. L. McEdward), CRC Press, 1995, P.324-367.

11) L. Woods and J. H. Hargis : *Proc. 4th Eur. Mar. Biol. Symp.*, pp.29-44 (1971).

12) M. S. De Vries, R. A. Tankersley, R. B. Forward, W. W.Kirby-Smith, and R. A. Luettich : *Mar. Biol.*, 118, 403-413 (1994).

13) A. E.Hill : *J. Mar. Biol. Ass. U.K.*, 75, 3-13 (1995).

14) C.Zeng and E.Naylor : *Mar. Ecol. Prog. Ser.*, 136, 69-79 (1996).

15) C. Zeng and E. Naylor : *ibid*, 132, 71-82 (1996).

16) C. Zeng, E. Naylor, and P. Abello : *Mar. Biol.*, 128, 299-305 (1997).

17) C. Zeng and E. Naylor : J. *Exp. Mar. Biol. Ecol.*, 202, 239-257 (1996).

18) P. Wolf, de : *Neth. J. Sea Res.*, 6, 1-129 (1973).

19) R. A. Tankersley, L. M. McKelvy, and R. B. Forward : *Mar. Biol.*, 122, 391-400 (1995).

20) D. MacIntosh : *ACIAR Mud crab Sci. Forum*, Darwin, Australia, (1997).

21) I. S. Wehrtmann and A. I. Dittel : *Mar. Ecol. Prog. Ser.*, 60, 67-73 (1990).

22) M. R. Carriker : *Ecol. Monogr.*, 21, 19-38 (1951).

23) F. Creutzberg : *Nature*, 182, 857-858 (1959).

24) F. Creutzberg : *ibid*, 184, 1961-1962 (1959).

25) F. Creutzberg : *Neth. J. Sea Res.*, 184, 1961-1972 (1961).

26) F. Creutzberg, A. T. G. W. Eltink and G. W. van Noort : The migration of plaice larvae Pleuronectes platessa into the western Wadden Sea. *in*" PHYSIOLOGY AND BEHAVIOUR OF MARINE ORGANISMS." (ed. by D. S. McLusky and A. J. Berry), Pergamon Press, 1978, p.243-251.

27) M. Greer Walker, F. R. Harden Jones, and G. P. Arnold : *J. Cons. int. Explor. Mer*, 38, 58-86 (1978).

28) F. R. Harden Jones, G. P. Arnold, M. Greer Walker, and P. Scholes : *ibid*, 38, 58-86 (1979).

29) A. D. Rijnsdorp, M. van Stralen, and H. W. van der Veer : *Trans. Am. Fish. Soc.*, 114, 46-470 (1985).

30) 高橋清孝・星合愿一・阿部洋士：水産増殖, 34, 1-8 (1986).

31) Y. Tsuruta : *Tohoku J. Agr. Res.*, 29, 136-145 (1978).

32) Y. Yamashita, Y. Tsuruta, and H. Yamada: *Fish. Oceanogr.*, 5, 194-204 (1996).

33) G. W. Boehlert and B. C. Mundy : *Am. Fish. Soc. Symp.*, 3, 51-67 (1988).

34) M. P. Weinstein, S. L. Weiss, R. G. Hodson and L.R.Gerry : *Fish. Bull.*, 78 : 419-436 (1980).

35) 清野精次・坂野安正・浜中雄一：京都府水試報告 (S50), 16-26 (1977).

36) M. Tanaka, T. Goto, M. Tomiyama, H. Sudo, and M. Azuma : *Rapp. p.-v. Réun. Cons. int. Explor. Mer*, 191, 303-310 (1989).

37) 田中　克：変態の生態的意義, ヒラメの生物学と資源培養（南　卓志・田中　克編）, 恒星社厚生閣, 1997, pp.52-62.

38) 田中　克：月刊海洋, 29, 199-204 (1997).

39) A. E. Hill : *Mar. Biol.*, 111, 485-492 (1991).

40) R. N. Gibson : Lunar and tidal rhythms in fishes. *in*"THE RHYTHMIC ACTIVITY OF FISHES" (ed. by J.E.Thorpe), Academic Press, New York, 1978, pp.201-214.

10．稚魚の生き残り戦略－保護色・隠蔽的擬態－

乃　一　哲　久 [*1]・木　下　　泉 [*2]

砂浜海岸の波打ち際には多種多様な仔稚魚が出現する（第 11 章参照）．これらの中には，偶発的に砂浜海岸に現れるものもあるが，初期生活史の一時期を必然的にそこで過ごす魚種が圧倒的多数を占める．しかし，砂浜海岸は仔稚魚にとって決して安息の地ではない．そこには数多くの捕食者が存在する [1, 2]．このような環境の中で仔稚魚はどのようにして身を護り，生活しているのであろうか．本章では，砂浜海岸に生息する仔稚魚の遊泳層と体色の関係ならびに一部の魚種にみられる特異な体色や奇妙な行動を紹介し，それらの適応的意義を生残戦略的視点から考察する．

§1．仔稚魚の生息層と体色 [*3]

砂浜海岸の水塊は，風波や潮汐によって常に撹拌されている．このため，このような場所に生息する仔稚魚は，水塊中に一様に分布していると思われがちである．しかし，実際には，表層と底層とでは仔稚魚相が異なり，水深が僅か 1 m にも満たない場所でも魚種や発育段階による棲み分けがみられる．

砂浜海岸に出現する仔稚魚は，生息層によって，主に表層に分布する魚種と底層に分布する魚種の二つに大別される．各グループの主要な構成種は，前者ではアユ，ボラ科などの仔稚魚であるのに対し，後者ではオオクチイシナギ，ヒメハゼ，カレイ目などの稚魚となっている．また，シロギス，クロサギ，ヘダイ亜科などの仔稚魚は，発育段階が早い時期には表層に分布するが，成長するにつれ近底層に分布するようになる．

生息層の違いは仔稚魚の体色にも反映されており，表層に出現する魚種は，アユ，シロギス，クロサギなどのように，色素胞が未発達で透明な体をしたも

---

*1 千葉県立中央博物館
*2 京都大学農学部附属水産実験所
*3 乃一哲久・重光　啓・坂本史子・神原利和：平成元年度日本水産学会秋季大会講演要旨集

のが多い．他方，底層に出現する稚魚の多くは，ヒメハゼやカレイ目などのように一様に底質とよく似た体色をしている．これらの体色は，それぞれの生息環境（層）の特性をよく反映したものであり，保護色[3)]として認識することができよう．もちろんこれには例外があり，ボラ科やオオクチイシナギなどにみられる体色は保護色とはいい難い．これらについては次で詳しく述べる．

§2．特異な体色，奇妙な行動を行う仔稚魚

2·1　特異な体色をした稚魚

砂浜海岸に生息する仔稚魚は，全てが透明もしくは底質とよく似た体色して

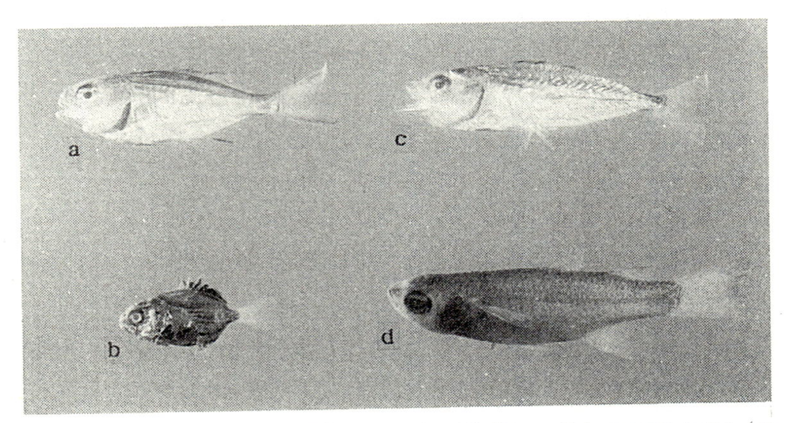

図 10·1　頭部背面が銀白色をした稚魚．a：コバンアジ（22 mmSL），b：マルコバン（12 mmSL），c：イケカツオ（25 mmSL），d：ワニグチボラ（29 mmSL）

図 10·2　コバンアジ稚魚（22 mmSL）の背面

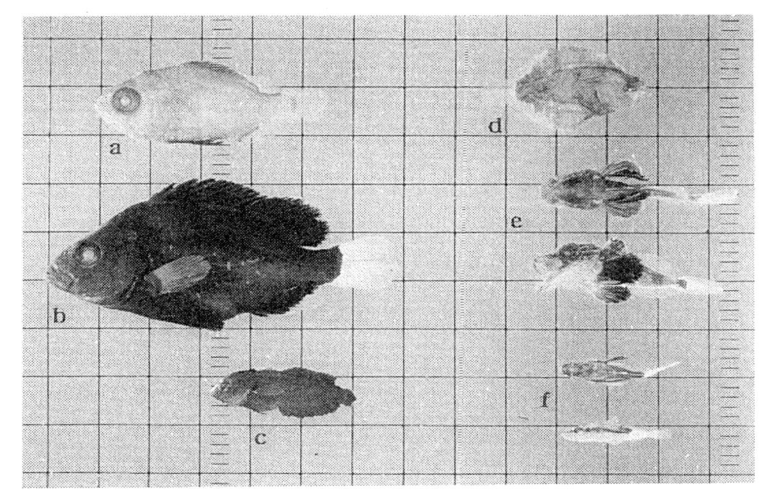

図 10･3　黒い体色をした稚魚．a：オオクチイシナギ（19 mmSL），b：コショウダイ（28 mmSL），c：テンス（13 mmSL），d：ホシガレイ（13 mmSL），e：ホウボウ（約 15 mmSL），f：コチ（約 9 mmSL）

図 10･4　海岸に集積するゴミとコショウダイ稚魚との比較．a：枯れ葉，b：コショウダイ，（28 mmSL）c：海藻の断片，d：樹皮片

いるわけではない．それぞれの生息層で，主体を成している仔稚魚とは異なる体色をした魚種も少なからず存在する．これらの体色には，成魚と同じものもあるが，複数の仔稚魚に跨ってみられる幼期特有の体色もある．そして，よく似た体色をした仔稚魚は，生態的にも多くの共通点を有する．

コバンアジ，マルコバン，イケカツオ，ワニグチボラの稚魚は，砂浜海岸の表層に出現するが[4)]，アユ稚魚などのように透明な体色はしていない（図 10･1）．これら 4 種は体側の色素の性状が異なり，コバンアジ，イケカツオは銀白色を，マルコバン，ワニグチボラはいぶし銀色をしている．しかし，頭部背面には共通して光を反射する銀白色をした部分があり（図 10･2），ともに砂浜海岸の水面直下を遊泳する．このため，これらの稚魚が遊泳する様子は，丸い光が水面を動いているようにみえる（木下，未発表）．

砂浜海岸の底層に出現するオオクチイシナギ，コショウダイ，テンス，ホシガレイ，ホウボウ，コチなどの仔稚魚は，鰭膜の一部を除く体の大部分が黒色素胞によって覆われている（図 10･3）[*3, 4]．これらの体型や体色は，枯れ葉，樹皮片，海藻の断片，モク類の気胞などに似るが（図 10･4），底質とよく似た体色したヒラメ科などの幼稚魚とは異なり，何もない砂浜海岸ではよく目立つ．これら 6 種の仔稚魚は，色彩斑紋的には共通性を有するが，生息域が微妙に異なり，前 3 種は近底層に，後 3 種は水底に生息している[*3]．また，前者と後者では分布様式や行動にも違いがみられ，オオクチイシナギ，コショウダイなどは，海底に集積した枯れ葉や海藻などのゴミの近くに集中して分布し，人が近づくとその中へ紛れ込む行動がみられる[5, 6)]．一方，ホシガレイ，コチなどは分散して分布し，特にゴミの周囲に多いというわけではない（乃一，未発表）．そして，これらの仔稚魚は，人が近寄ると一時的に動かなくなることはあっても，自らゴミの中に紛れ込むことはない．

2･2　奇妙な行動を行う稚魚

砂浜海岸に生息する仔稚魚の中には，他とは異なる体色をし，同時に奇妙な行動を行うものもいる．

オニカマスの稚魚は，細長い体型をし，体の側，背面には比較的濃密な黒色素胞を有する．本種稚魚は砂浜海岸の表層に出現し[4)]，水中を漂う海藻や陸生

[*4] 乃一哲久･Subiyanto･神原利和･千田哲資：平成 3 年度日本水産学会秋季大会講演要旨集

植物の茎片など，縦に浮いた細長い浮遊物の近くでよくみられる*5．このような浮遊物の近くで，稚魚は，頭部を上下どちらかの方向に向け，体を立てて定位していることが多く（図10･5），その様子は随伴する浮遊物とよく似る（乃一，未発表）

モヨウフグ属の稚魚は，背面が黒褐色，腹面が乳白色の体色をしており，体表には多数の小棘がある．この属の稚魚は動きが緩慢で，砂浜海岸の海面近くを浮遊する（木下，未発表）．その様子は，上方からは水面に漂う木の実や海藻の気胞のように見え（図10･6），浮遊物が卓越する場所では，稚魚がその中に紛れ込んでいることがしばしば目撃される（木下，未発表）．このような浮遊物への紛れ込み行動は，ハリセンボンの稚魚でも知られている[7]．

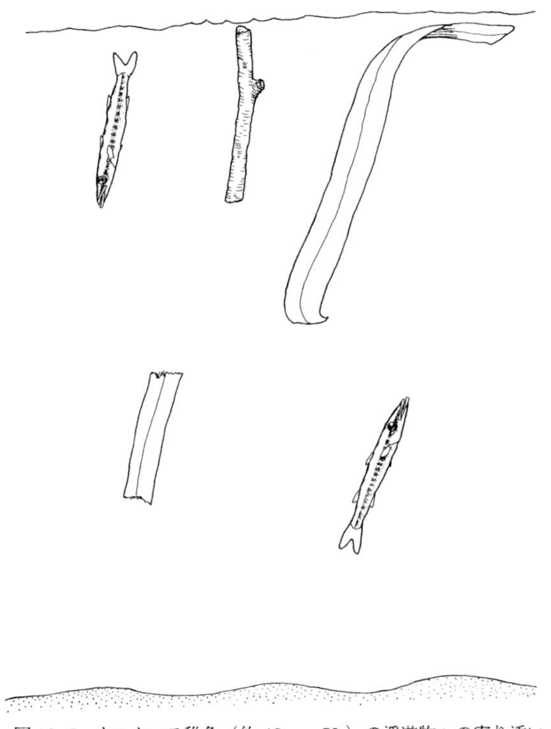

図10･5 オニカマス稚魚（約40 mmSL）の浮遊物への寄り添い行動模式図

2･3 体色，行動の適応的意義

内田[8]は，魚類の幼期にみられる特異な体色を整理し，そのひとつに銀白色適応という定義を設けている．これは，砕ける波の間を遊泳する稚魚が銀白色の体色をし，波の動揺が反射する光に紛れることに着目したもので，イケカツオやコバンアジの稚魚がこれに相当する．一方，マルコバンやワニグチボラの稚魚はどうであろうか．これらは体側の色素の性状こそ異なるが，イケカツオなどと同様に砂浜海岸の表層を遊泳し，頭部背面には銀白色に輝く部分がある．

*5 木下 泉・藤田真二・高橋勇夫・東 健作：1989年度秋季日本魚類学会シンポジウム講演要旨

筆者らは，これも銀白色適応の範疇に含めてよいのではないかと考える．そして，4 種に共通してみられる体色や行動には，光の反射だけではなく，波が砕けた後にできる泡に紛れるための隠蔽的擬態（模倣）[9] としての意義があるものと考えている．

図 10·6　モク類の気胞とモヨウフグ属の稚魚（約 10 mmSL）

オニカマスやモヨウフグ属の稚魚にみられる体色や行動は，隠蔽的擬態の典型的な例として捉えることができよう．これらの魚種は，陸と海の境で，双方からのゴミが集積する砕波帯の物理環境を巧みに利用し，各自の体型や体色とよく似通った物にそれぞれ模倣しているものと思われる．また，モヨウフグ属や先に記した銀白色適応をした稚魚の体色や行動は，上方からの捕食者を警戒した適応と考えられ，砂浜海岸に生息する仔稚魚は，鳥類などからもかなりの捕食圧をうけているものと思われる．

オオクチイシナギやコショウダイなどの体色や生態も，観察者には強く隠蔽的擬態を意識させる．それに対し，理解に苦しむのはホウボウやホシガレイなどの分布様式と行動である．人が近づくと動かなくなる行動などはゴミに模倣しているとも理解できるが，何もない場所では，このような黒い体色はよく目立つ．もしかすると，後者の体色や生態は，ゴミの周囲といった狭い範囲ではなく，そのようなゴミが存在する砂浜海岸の物理環境そのものに適応したものかもしれない．あるいは，同じように見えても，これらの体色や行動の意義は，種ごとに異なっているのかもしれない．

ホシガレイとホウボウで形態発育を比較すると，ホウボウは，浮遊期には透明に近い体色をしており，砂浜海岸に出現するサイズにおいて黒色素胞の発達がピークを迎える[10, 11]．そして，その後もしばらくの間は黒い体色をしている（乃一，未発表）．一方，ホシガレイは，孵化後間もない段階から黒色素胞の発達がみられ，浮遊期間を通して黒い体色を保ち[12]，砂浜海岸に出現した後は比較的短期間で黒い体色から底質とよく似た体色へと変化する（乃一，未発表）．このことから推察するに，ホウボウ稚魚の黒い体色は着底後の生活環境（砂浜海岸）への適応であるのに対し，ホシガレイ稚魚の黒い体色は浮遊期の生活環境への適応なのかもしれない．そうだとすれば，後者の体色は空間的な適応のずれということになる．同様に，時間的な適応のずれということも考えられる．すなわち，アユが縄張りをもつ理由として考えられているように[13]，現時点での適応ではなく，進化のある時期において必要であった適応の名残りなのかもしれない．いずれにせよ結論は出せないが，これらの稚魚の体色や行動の意義については，多方向からの検討が必要であろう．

§3．生き残り戦略としての隠蔽色

本稿では，砂浜海岸に出現する仔稚魚の体色や行動の適応的意義を保護色あるいは隠蔽的擬態として考察した．保護色や隠蔽的擬態は，広義には隠蔽色[9]の範疇に含まれる．そこで，最後に仔稚魚の生き残り戦略としての隠蔽色の有効性について考えてみたい．

魚類の初期減耗は，被食によるところが大きい[14]．しかし，砂浜海岸に出現する仔稚魚の多くは，捕食者から逃れるための強靭な遊泳力や武装を有しているわけではない．このため，捕食者からの襲撃は，仔稚魚にとって致命的なダメージとなる．したがって，仔稚魚の生残は，捕食者の襲撃をいかにして未然に回避するかということにかかってくる．この点において，隠蔽色には捕食者に発見される機会を減じる効果が期待され，有効な生残戦略とみなせる．

図 10·7 には，アナハゼとホウボウを捕食者としたヒラメ稚魚の被食実験の結果を模式的に示した．この実験では，アナハゼは，水底を離れて浮き上がっ

たヒラメを追いかけることはあっても，接地し動かない個体には興味を示さなかった．一方，ホウボウは，胸鰭の遊離鰭条で水底を這い周り，それに驚いて浮き上がったヒラメを捕食した．これらの結果は，隠蔽色は，視覚によって索餌を行う捕食者には有効であるが，視覚以外の感覚によって餌を探す捕食者には意味をなさないことを示している．

図 10・7　ヒラメ稚魚の被食実験[2] 模式図

隠蔽色には有効に作用する方向があり，どの方向から見ても常に模倣対象と相似しているわけではない（表 10・1）．他方，砂浜海岸に生息する仔稚魚は，水中に限らず，常に上，横，下の 3 方向から立体的に捕食圧を受けているといっても過言ではない．これは，モヨウフグ属などの稚魚の体色や行動が鳥類などからの攻撃を警戒したものと考えられることや，仔稚魚の捕食者となるエビジャコ[15] が底質中に潜んでいることなどからも推察できる．このため，捕食者との位置関係によっては，隠蔽色が意味をなさない場合がある．また，被食実験の結果（図 10・7）やホウボウなどの分布様式からも推察できるように，環境条件によっては，隠蔽色がかえって逆効果になることもある．

表 10・1　隠蔽色による適応を行っていると考えられる砂浜海岸の仔稚魚

類別	模倣対象	有効方向	魚　種	生息層
保護色	水塊	上，下，横	アユ，シロギス，クロサギなど	表層（水塊中）
	底質	上	ヒメハゼ，カレイ目など	底層（水底）
隠蔽的擬態	水面の輝き，気泡	上	コバンアジ属，イケカツオ，ワニグチボラ	表層（水面直下）
	植物の茎片，アマ藻	上，下，横	オニカマス	表層（水塊中）
	木ノ実，海藻の気胞	上	モヨウフグ属	表層（水面直下）
	海藻片，樹皮片など	上，下，横	オオクチイシナギ，コショウダイ，テンス	底層（近底層）
	海藻片，樹皮片など？	上	ホシガレイ，ホウボウ，コチ	底層（水底）

このようにしてみると，隠蔽色は，個体保護のためには万能とはいえない．しかし，個体群あるいは種としての生き残りを考えた場合には，視覚による捕食者や特定方向からの捕食圧を軽減しているという点において，有効な生残戦略と考えられる．

砂浜海岸に出現する仔稚魚は，様々な分類群で構成されている．それにも関わらず，仔稚魚期にはよく似た体色，生息域，生態を示す．この現象をどのように解釈するかは判断が難しいが，これには何らかの適応的な意義があるものと思われる．

文　献

1）Noichi, T., M. Kusano, T. Kanbara, and T. Senta : *Nippon Suisan Gakkaishi*, 59, 1851-1855（1993）.

2）乃一哲久・草野　誠・植木大輔・千田哲資：長大水研報，73，1-6（1993）.

3）山田常夫・前川文夫・江上不二夫・八杉竜一・小関治男・古谷雅樹・日高敏隆（編）：生物学事典（第 3 版），岩波書店，1990，p.1214.

4）木下　泉：*Bull. Mar. Sci. Fish., Kochi Univ.*, 13，21-99（1993）.

5）乃一哲久・神原利和・水戸　鼓・坂本史子・木村基文・千田哲資：長大水研報，68，29-34（1990）.

6）小林知吉・岩本哲二：魚類学雑誌，30，412-418（1984）.

7）内田恵太郎：九大農学芸誌，13，294-296（1951）.

8）内田恵太郎：魚類円口類頭索類，岩波書店，1930，pp.85-88, 118.

9）山田常夫・前川文夫・江上不二夫・八杉竜一・小関治男・古谷雅樹・日高敏隆（編）：生物学事典（第 3 版），岩波書店，1990，p.83.

10）水戸　敏：魚類学雑誌，11，65-79, pls.19-28（1963）.

11）小島純一：ホウボウ，日本産稚魚図鑑（沖山宗雄編），東海大学出版会，1988，pp.875-876.

12）内田恵太郎：動物学雑誌，45，268-277（1933）.

13）川那部浩哉：生理生態，17，395-399（1976）.

14）田中　克・渡邊良朗（編）：魚類の初期減耗研究，恒星社厚生閣，1994，159 pp.

15）T. Seikai, I. Kinoshita, and M. Tanaka : *Nippon Suisan Gakkaishi*, 59, 321-326（1993）.

11. 砂浜海岸の成育場としての意義

木 下　泉 *1

約 600 年の歴史を有する東南アジアのサバヒー養殖では，全ての種苗を浮遊生活期の仔魚に依存し，その大多数を砂浜海岸の砕波帯で採捕してきた[1]．これだけをみても，砂浜海岸が魚類幼期にとって特異な生息圏であろうことは想像できる．しかし，カレイ目魚類を中心とする底生性稚魚を除いては，砂浜海岸を仔稚魚の生息圏として捉えた研究は始まってまだ 20 年も経っていない．これには，砂浜海岸が芸術・娯楽・開発の対象とされ続け，また珊瑚礁域，アマモ場，流れ藻と比べて環境的特性が乏しく，研究者の興味をひかなかったことが最大の理由であろう．現在まで，砂浜海岸には日本だけでも 250 種を超える仔稚魚が報告されている[2~9), *2, 3]．これら全てが砂浜海岸の特有種ではないが，他の生息圏と比較しても，この数はかなり多い．このことから，ある魚種にとって砂浜海岸が成育場をなしていることは事実であろうし，その生態的な意義を見出すことは極めて重要と考えられる．砂浜海岸での仔稚魚を核とした生態系を主題とした研究がまだ殆どない現段階において，この問題を取り上げることは時期尚早ではあるが，今回，砂浜海岸の特に表層性仔稚魚の分布生態および摂餌生態などから成育場としての意義を考えることにより，砂浜海岸の仔稚魚に関する研究を今後，発展させるための足掛かりとしたい．

§1. 砂浜海岸の仔稚魚組成

1·1 分布様式による仔稚魚の類型分け

砂浜海岸での仔稚魚の分布様式は魚種により様々である．分布様式の分類およびそれらの各組合せの代表種を表 11·1 に示す．これらの中で，ホウボウ・ヒラメなどは長崎では，WDR 型である[3, 10~12)]のに対し，若狭湾では着底時には

---

*1 京都大学農学部附属水産実験所

*2 Y. Tamamoto : Master thesis, Nagasaki Univ., 1982

*3 浅尾浩史・日下部敬之：卒業論文，京大農，1986

SDR 型で，後 WDR 型に移行する*4．一方，スズキ*5・カマキリ*6 は，土佐湾では直接汀線域に来遊するが[5)]，若狭湾では，汀線域以前に水深 5 m 付近の底層で浮遊する SDM→WDM 型をとる．平均潮位差は，長崎で約 3 m，土佐湾で約 2 m であるのに対して，若狭湾では 20～30 cm しかない．すなわち，砂浜海岸での分布様式は，潮位差の著しい地域と殆どない地域との間で差がみられる．

表 11･1からみて，分布様式は表層回遊型と底生滞在型に大きく分けることができ，表層回遊型は広塩性魚・通し回遊魚が殆どである．

表 11･1　砂浜海岸に出現する仔稚魚主要種の生活様式による類型分け．
水平空間的分類：W（wading depth）－汀線付近に分布，S（swimmnig depth）－5 m 水深帯前後に分布．
鉛直空間的分類：P（pelagic）－表層性，D（demersal）－底生性．
時間的分類：M（migrant）－回遊型，R（resident）－滞在型，V（visitor）－週来型

類型					
WPM		WPR	WDR	SDM	SDR
仔魚期	稚魚期				
カライワシ科	サケ	サッパ	ホウボウ	カマキリ	コチ
マイワシ	コマイ	コノシロ	オオクチイシナギ	スズキ	ホウボウ
サバヒー	ボラ科	アユ	ネズッポ属		マダイ亜科
シラウオ	コチ	シロギス	ヒラメ		ネズッポ属
トウゴロウイワシ科	コバンアジ属	ムツ	アラメガレイ		ヒラメ
カマキリ	シマイサキ科	ニベ	カレイ科		
スズキ属	メジナ	ササウシノシタ			
クロサギ	クサフグ	クロウシノシタ			
コショウダイ					
ヘダイ亜科					
ハゼ科					

1･2　表層性仔稚魚相の特異性

汀線域の表層性仔稚魚の優占種を他の生息圏のものと比較すると，その種組成はカタクチイワシが優占する沿岸域および沖合域とは全く異とする（表 11･2）．このことは，砂浜海岸汀線域は沖合からの単なる分散の終着点ではなく，仔稚魚の特異な群集が構成されていることを示す．砂浜海岸の打上げ魚の内，仔魚期に多いものに，サンマ・サギフエ・ウナギ目・サイウオ属・カタクチイ

---

*4　前田経雄・宮本公仁・田中　克・木下　泉：平成 6 年度日本水産学会秋季大会講演要旨集
*5　大美博昭・木下 泉・田中 克：同上
*6　原田慈雄・木下 泉・大美博昭・田中 克：1996 年度日本魚類学会年会講演要旨

ワシ・メバル属・イカナゴなどがある．これらは，沿岸域・沖合域の主要種に多く含まれるが，汀線域には殆ど出現しない．逆に，汀線域の代表種は，打上げ魚の中には殆ど全くみられない．このことは，砂浜海岸を生息圏とする仔稚魚は，そこでの生活によく適応し，打上げを避ける何らかの機構が働いていることを暗示している．しかしながら，日向灘[4]，響灘[8]，鹿島灘[8]に面する砂浜海岸汀線域では，カタクチイワシが優占種である．これら 3 地域が共通して直接外海に面していることに，本種の豊富さの要因があるのかもしれない．いずれにしても，今後，様々な立地条件の砂浜海岸で仔稚魚調査を行い，比較検討して行く必要がある．

表11･2　土佐湾の砂浜海岸汀線域に出現する表層性仔稚魚の優占種と近接する他の生息圏での優占種との比較（−，複数種出現の可能性のあるものは順位を省略，+，0.05％未満；?，科または属までの査定；沿岸域の 4 位はハゼ科複数種なので省いた）．打上げ仔魚は福岡県新宮浜のもの，順位は若･成魚の数も含んだもので，1，7，9 位のものは若魚もしくは成魚だけ

	砂浜海岸汀線域[5]		沿岸域[13]		沖合域[14]		打上げ仔魚[15]
種類数	165		99		210		43
種名	順位	%	順位	%	順位	%	順位
アユ	1	39.5	8	0.3	26	+	
コノシロ	2	20.4	98	+	88	+	
セスジボラ	3	9.5	−	+?	−	+?	
クサフグ	4	7.5	−	+?	27	0.1	
クロダイ	5	6.9	34	0.1			
クロサギ	6	5.3	29	+?	62	+	
キチヌ	7	2.6	32	+	97	+?	
コトヒキ	8	1.4	−	+?			
サッパ	9	1.1	17	+			
シマイサキ	10	0.9	54	+	7	1.0	
カタクチイワシ	67	+	1	53.2	1	75.0	6
マイワシ	19	0.2	2	30.6	6	1.3	
ウルメイワシ	85	+	3	10.8	21	0.2	
キビナゴ	18	0.2	5	1.5			
ネズミギス					2	9.5	
ヒメジ	62	+	−	+?	3	2.6	51
サンマ					4	1.4	2
サギフエ					5	1.3	3
ウナギ目	−	+	−	+	−	0.2	4
サイウオ属			−	+	−	+	5
メバル属			−	+	−	+	8
イカナゴ			77	+	35	+	10

国内[2, 4, 7~9, 16), *2, 3]および国外[17~19)]の調査例も含めると，カライワシ科，カタクチイワシ科，ニシン科，サバヒー科，キュウリウオ科，シラウオ科，ボラ科，トウゴロウイワシ科，サヨリ科，コチ科，カジカ科，タカサゴイシモチ科，スズキ科，キス科，ムツ科，アジ科，ヒイラギ科，クロサギ科，イサキ科，タイ科，ニベ科，ハタンポ科，イスズミ科，シマイサキ科，ユゴイ科，イソギンポ科，ハゼ科，アイゴ科，カマス科，フグ科などに属する表層性仔稚魚が汀線域での構成種であり，これらは海域から汽・淡水域へ，またはその逆を回遊する際の，砂浜海岸を誘導域または緩衝域として利用している可能性がある．

§2．表層性仔稚魚の汀線域での生態

2·1　発育段階と滞在

汀線域に出現する仔稚魚の発育段階をみると，魚種によって，仔魚期，仔魚から稚魚への移行期，稚魚期のいずれかの発育段階に限定されており，仔魚期から稚魚期を通して出現する，つまり成長を示す魚種は比較的少ない．むしろ，移行期で来遊する魚種が多いことが，汀線域の表層性仔稚魚群集を特徴づけているといえよう[5)]．その中で，洋の東西を問わず汀線域の優占種であるタイ科魚類に特に注目したい．

日本産タイ科魚類は，キダイ亜科，マダイ亜科，ヘダイ亜科に分けることができるが[20)]，亜科間の初期生活史の違いは際立っている．すなわち，キダイ亜科のキダイは，仔魚から稚魚期を通じて沖合中層域に分布し殆ど接岸しない[*7]．マダイ亜科のマダイ・チダイの浮遊期仔魚は底層に分布し，底層を通じて接岸し，水深 5～10 m の砂泥底に着底する[21~23), *7]．ヘダイ・クロダイ・キチヌを含むヘダイ亜科の浮遊期仔魚は表層に分布し，表層を通じて接岸し汀線まで到達する[5, 23)]．汀線域の代表種であるトウゴロウイワシ・セスジボラ・メジナ・シマイサキも浮遊仔魚期には表層に分布する[24), *8]．すなわち，汀線域に来遊するか否かは，浮遊期での鉛直分布に大いに関与している．

汀線域に生息するヘダイ亜科仔魚の外部形態をみると，背・臀鰭はほぼ完成しているが，胸・腹鰭はまだ未発達である．体は細長く，色素胞は少なく透明

---

*7 木下　泉・大美博昭・上野正博：平成 7 年度日本水産学会秋季大会講演要旨集

*8 柴崎賀広：修士論文，長大水，1987

である[5)]．骨格形成では，軟骨組織はほぼ完成し，硬骨組織は半分程度完成している[5)]．すなわち，彼らは内・外部形態とも，仔魚から稚魚への移行期を迎えた状態にあるといえる．

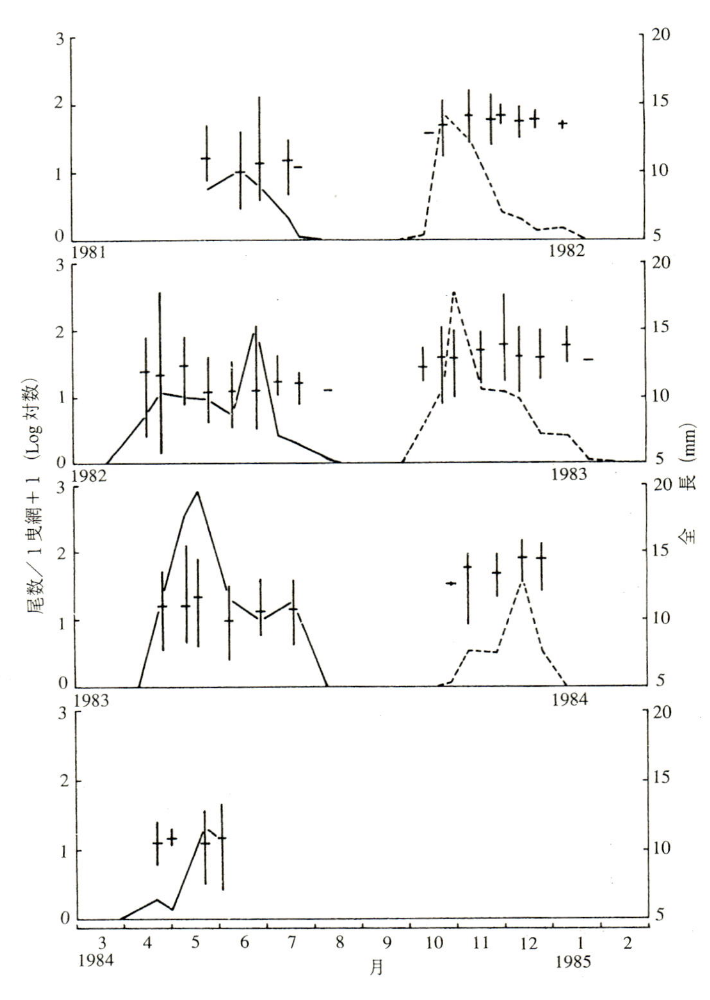

図 11･1　土佐湾の砂浜海岸汀線域におけるクロダイとキチヌ仔稚魚の出現量および全長の季節変化[5)]．折線で実線はクロダイ，破線はキチヌ，また縦・横棒は各々全長の範囲・平均を示す

汀線域での彼らの体長組成の範囲は狭い中で，多少の季節変化がみられる．すなわち，平均体長は，水温上昇期（4～6月）に出現するクロダイでは季節に伴い減少するが，下降期（10～12 月）に出現するキチヌでは逆に増大する（図 11･1）．しかし，発育段階には両種ともに季節変化はみられない．このことは，孵化から経験した水温は，成長よりも発育に影響を与え，高水温はより小サイズである発育段階に到達させること，および彼らの汀線域での生息は，サイズではなく発育段階によって規定されていることを示している．

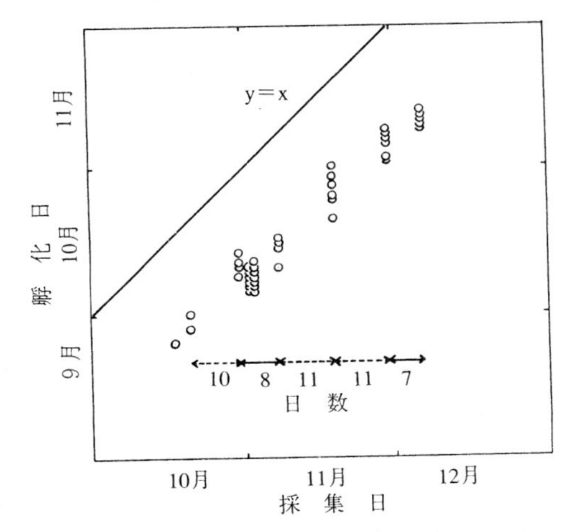

図 11･2　土佐湾の砂浜海岸汀線域で出現したキチヌ仔稚魚における採集日と耳石日周輪から推定された孵化日との関係 5)．孵化日が少しでも重なった調査間隔（日数）を実線矢印で，全く重ならなかったものを破線矢印で示す

耳石日周輪から推定された同じ孵化日をもつ個体は，3 種とも採集間隔が 10 日以上開くと，全く現れなかった（図 11･2）．これは，彼らの汀線域での滞在は 10 日未満であり，かなり短期間であることを示唆している．

2･2　摂餌生態

汀線域では，ヘダイ亜科 3 種の仔稚魚はかいあし類（主に *Paracalanus* と *Oithona*）を飽食しているが，比較的大型の個体は底生性のアミ類・ヨコエビ類を摂餌する 5)．このことは，底層用の押網による採集個体の方が，表層用の曳網によるものよりも体長が幾分大きいこと 3) と対応する．すなわち，彼らは，汀線域での滞在期間に，生態的にも浮遊生活から着底生活へ転換すると考えられる．

汀線域での出現の日周変化をみると，彼らは，昼間汀線域で過ごし，夜間になると離散し，夜明けの薄明時に再び汀線域に集合する傾向にある（図11･3）．摂餌では，3 種とも昼間に盛んに餌を食べ，夜間と薄明時の 10 m 沖では全く食べていない（図 11･4）．このことは，visual feeder の仔魚にとって，昼間の汀線域は重要な索餌場であることを示している．

汀線域での仔稚魚による動物プランクトンの飽食は，ヘダイ亜科だけではなく，他魚種でもみられる（表11･3）．砂浜海岸と他の生息圏との間での動物プランクトン相の比較検討例が少ないため，詳細は不明だが，土佐湾の砂浜海岸汀線域での動物プランクトン，特にかいあし類の密度をみる限りにおいては，普通の沿岸域と比べて特に高い印象を受けない[5]．むしろ，汀線付近での特有の水の運動が，仔稚魚のパッチとかいあし類のパッチとの遭遇を助長し，仔稚魚の摂餌率を高めているのかもしれない．

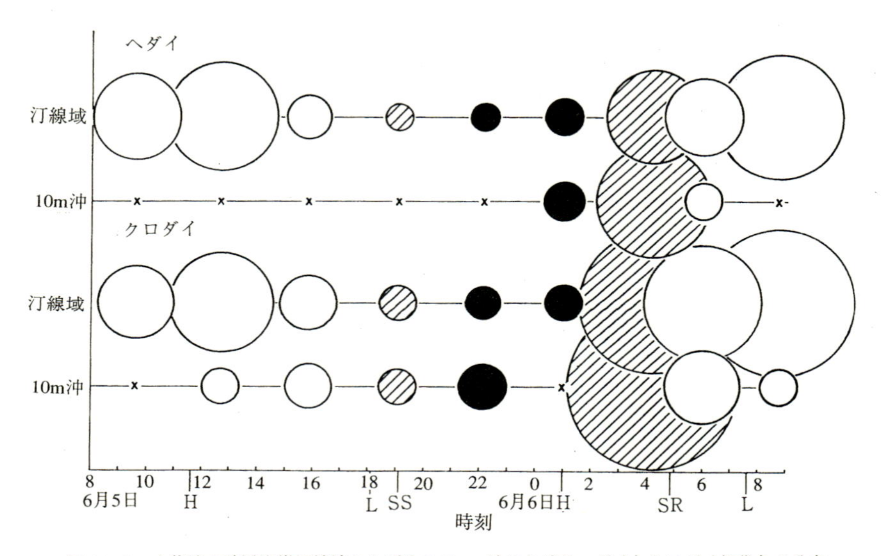

図 11･3　土佐湾の砂浜海岸汀線域およびその10 m 沖におけるヘダイとクロダイ仔稚魚の分布密度の日周変化[5]．各円の直径は分布密度の立方根に比例させ，最大の円（10 m 沖の4：12 のクロダイ）は234尾 / 1 曳網．白，斜線，黒円は昼間，薄明時，夜間の出現を，×は出現しなかったことを各々示す．H，L および SR，SS は各々満潮，干潮および日出，日没の時刻を示す

他方，サバヒー仔魚は，汀線域では余り摂餌せず[25), *9]，栄養状態は劣悪である[26]．しかし，この原因は，サバヒー仔魚の本性的な問題，すなわち彼らの体型が葉形仔魚に近いことにあると筆者は推測する．いずれにしても，砂浜海岸および隣接する環境を包括した生態系の中で，ベントスだけではなくプランクトンも詳細に調査して行く必要がある．

---

*9 I. Kinoshita : Master thesis, Nagasaki Univ., 1981

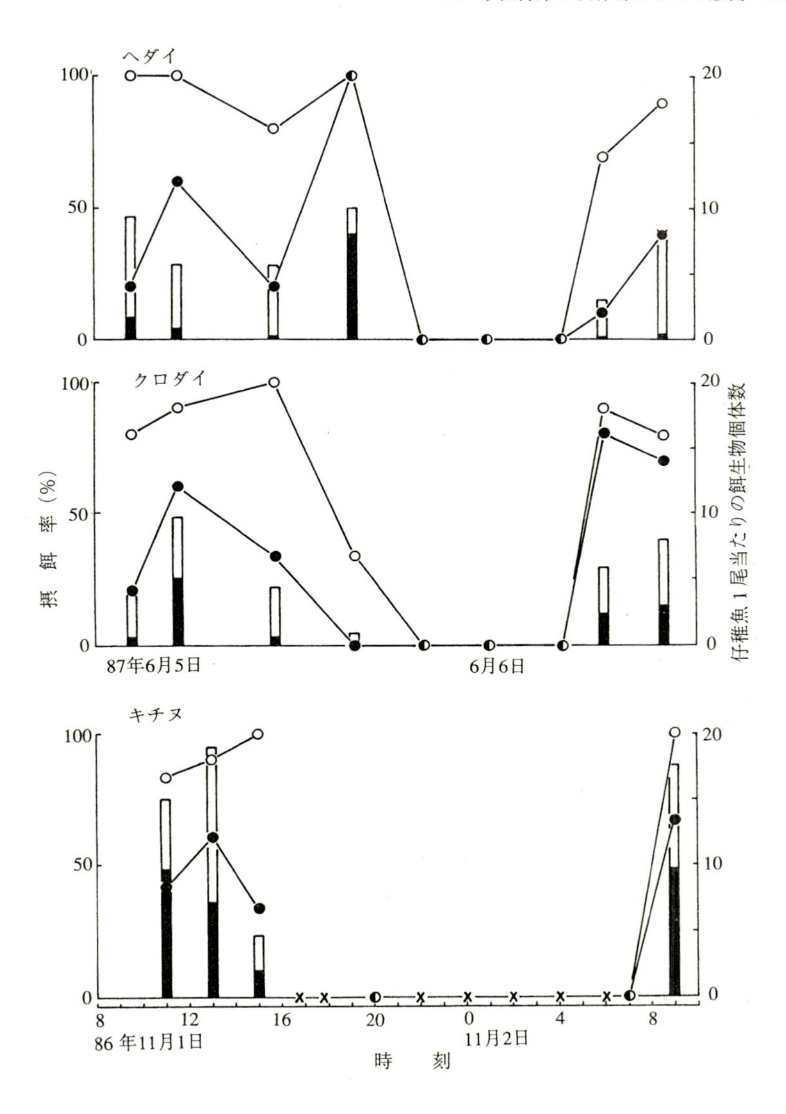

図11·4　土佐湾の砂浜海岸汀線域におけるヘダイ亜科３種の摂餌の日周変化（木下[5]を改変）．黒・白円は胃・腸内での餌の出現率（摂餌尾数/調査尾数），黒・白棒は胃・腸内でみた仔稚魚１尾当たりの餌個体数を各々示す．×は仔稚魚が採集されなかったことを各々示す

2·3 塩分との関わり

土佐湾における3地点間の砂浜海岸での魚卵・仔稚魚，かいあし類および塩分の比較を表11·4に示す．近傍に河川がなく直接外洋に面した宇佐では，河川が隣接する他2地点よりも周年塩分が高く[5]，その平均も明らかに高い．仔稚魚の出現量は種崎と手結では殆ど差がないが，宇佐のものは前2地点と比較して圧倒的に少ない．仔稚魚の餌となるかいあし類の密度は，種崎で他2地点に比べてかなり高い傾向にあるが，手結と宇佐では同程度で，塩分の高低とかいあし類密度との間には明瞭な関係は見出せない．しかし，宇佐で仔稚魚が質・量とも少ないことは，仔稚魚よりも受動的な魚卵の出現量が宇佐で最も多いことから，沿岸流による影響とは考え難い．むしろ汀線域に集まる表層性仔稚魚には広塩性魚類および通し回遊魚が多いことから，宇佐の高鹹性に関係していると考えられる．汀線域の次の成育場の一つにアマモ場があげられるが，ヘダイ亜科を含む広塩性魚類の稚魚は，低鹹性のアマモ場に多く集まり[7, 27~29]，高鹹性のアマモ場では殆ど出現しない[30~34]．これらのことから，広塩性魚類が

表11·3 土佐湾の砂浜海岸汀線域に出現した表層性仔稚魚の主要種の摂餌状態（木下[5]を改変）

種名	全長範囲(mm)	供試魚数	摂餌率(%)
サッパ	10.7～24.7	42	95.2
コノシロ	11.0～19.8	78	100
アユ	8.1～62.5	5351	71.6
セスジボラ	13.4～18.4	20	100
ムギイワシ	6.6～39.7	30	100
コチ	7.7～12.4	16	87.5
カマキリ	5.6～17.4	51	96.1
ヒラスズキ	8.8～23.8	32	84.4
シロギス	10.7～19.0	20	100
クロサギ	9.8～15.2	37	100
ヘダイ	10.0～16.0	109	66.0
クロダイ	9.1～13.9	139	66.2
キチヌ	10.6～16.6	55	60.0
ニベ	4.2～25.1	32	71.9
シマイサキ	9.3～12.2	45	88.9
コトヒキ	11.9～24.0	44	97.8
クサフグ	6.5～16.1	40	97.5

表11·4 土佐湾の砂浜海岸汀線域における表層性魚卵·仔稚魚の出現量，かいあし類平均密度および塩分の3地点間の比較（木下[5]を改変）．種崎·手結では近傍に流入河川が有り，宇佐では無い

	個体数/1曳網		種類数		かいあし類平均密度	塩分	
地名	仔稚魚	魚卵	仔稚魚	魚卵	(個対数/0.1 m³)	範囲	平均±95％信頼区間
宇佐	76.7	31.3	90	19	607	25.8～34.7	31.2±0.5
種崎	302.6	2.3	121	16	1584	13.5～34.5	29.0±1.1
手結	314.6	1.7	91	15	548	22.7～34.3	29.8±0.6

アマモ場を成育場とすることには低鹹性であることが重要な条件といえる．汀線域でも高鹹性の地点で仔稚魚がより少ないことを考え合わせると，仔魚は低鹹性のアマモ場などに回遊するための道標として，低鹹性の汀線域を既に選らんで接岸している可能性がある．

砂浜海岸汀線域の表層性仔稚魚を代表してクロダイの生息圏の変化による体長組成の推移をみると，湾口部での浮遊生活から汀線域生活へ移る体長は 6～7 mm であり，汀線域からアマモ場へ移る体長は 10～11 mmである（図 11･5）．この 2 つのサイズは，各々脊索上屈期と稚魚前期に一致し[35]，発育に伴う生息圏の変化を如実に示している．

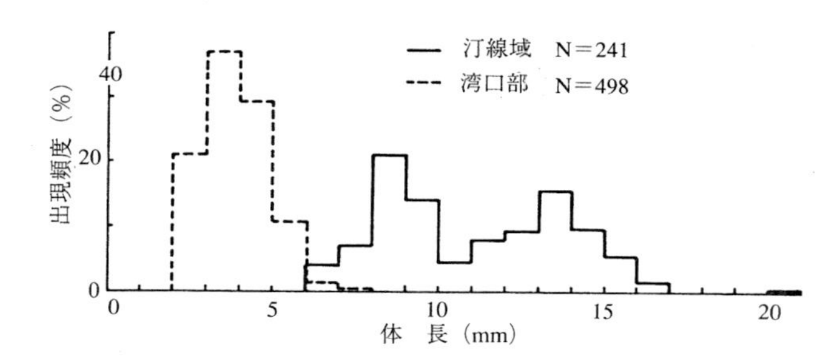

図 11･5 平戸志々伎湾におけるクロダイ仔稚魚の生息圏の変化による体長組成の推移[23]．汀線域の 13～14 mm のモードをもつ大きい群は汀線域の前面にあるアマモ場から波浪によってアマモ葉と一緒に汀線域まで打寄せられたものと判断された[5]

その一方で，汽水域には一生縁のなさそうなオオクチイシナギ・ムツ・コバンアジ属などの沖合魚が，稚魚期に汀線域に出現する例もある．彼らは汀線域では巧みに自分らの体を擬態して生息しており*10，汀線域を一種のシェルターとして利用しているのかもしれない．

§3 成育場としての生態的意義

内・外部形態が仔魚型から稚魚型へと移行しつつ，浮遊生活期から底生生活期へ移る過程を汀線域で過ごす魚種にとっては，汀線域を生態的な変態の場と捉えていいかもしれない．さらに，底生生活のために体を整えることは，かな

*10 乃一哲久・木下 泉：本書，第 10 章

りのエネルギーを要し，ストレスの増加につながるであろう．このような過程で，汀線域での一過性だが豊富な摂餌状態は，仔魚の生残りを考えた場合，極めて意義深い．水圏と陸圏の境界のわずか水深 1 m にも満たない空間で，多くの魚類の生活の転換が，四季を通じて展開されていることを考えると，汀線域の重要性を生物学的にあらためて問い直す必要があろう．

他方，カレイ目などの底生滞在型の稚魚にとって砂浜海岸の成育場としての生態的意義は何か？　この答えには，千田[36]が流れ藻と幼稚魚との関係で述べた“進化の過程でそれぞれの種が獲得した本性とでもゆうほかはないのであろうか．”が正鵠を得ている．彼らにとって，沖合域よりは餌と天敵の問題がバランスよく解決されているのかもしれない．

砂浜海岸の調査を行ってきて，今まで述べてきたこととはそぐわない事象に時々出会う．例えば，岩礁域でのカマキリ・ヒラメ稚魚，汀線域でのマダイ稚魚の出現などである．例外こそ重要ならば，これらも彼らの生残のための多様性の一端と捉えてもいいのかもしれない．

実は四半世紀前に東京都の高等学校の生物部部員が，驚く程，筆者らのと似た採集具で神奈川県の汀線域で継続的な調査を行っており，その結果も手書きの報告書*11 に纏められている．この高校生らは皆，現在第一線の海洋生物研究者になっている．このことは，砂浜海岸での仔稚魚研究が如何に身近な基礎研究であり，かつ見過ごされてきたかをまさに示しているといえよう．

*11 伊藤 宏・望岡典隆・谷津明彦：材木座海岸に集まる稚魚に就いて，芝高等学校，1973，ii+35 pp.

文　献

1）W. H. Schuster : Fish culture in brackish-water ponds of Java, Indo-Pacific Fisheries Council Special Publications I, 1952, 143 pp.

2）T. Senta and I. Kinoshita : *Trans. Am. Fish. Soc.*, 114, 609-618（1985）.

3）T. Senta, M. H. Amarullah, and M. Yasuda: Invitation to the study of juvenile fishes occurring in surf zones, *in* “Proceedings of Symposium on Development of Marine Resources and International Cooperation in the Yellow Sea and the East China Sea”（ed. by Y.B. Go）, Mar. Res. Inst. Cheju Nat. Univ., 1988, pp. 131-146.

4）赤崎正人・瀧　芳朗：宮大農報，36，119-134（1989）.

5）木下　泉：*Bull. Mar. Sci. Fish., Kochi Univ.*, 13, 21-99（1993）.

6）T. Noichi, M. Kusano, T. Kanbara, and T. Senta : *Nippon Suisan Gakkaishi*, 59, 1851-1855（1993）.

7）藤田真二：四万十川河口域におけるスズキ属，ヘダイ亜科仔稚魚の生態学的研究，博士論文，九大，1994，iii+141 pp.

8）須田有輔・五明美智男：水産工学研究集録，1，39-52（1995）.

9）辻野耕實・安部恒之・日下部敬之：大阪水試研報，9，11-32（1995）.

10）M. Tanaka, T. Goto, M. Tomiyama, and H. Sudo : *Neth. J. Sea Res.*, 24, 57-67（1989）.

11）M. H. Amarullah, Subiyanto, T. Noichi, K. Shigemitsu, Y. Tamamoto, and T. Senta : *Bull. Fac. Fish. Nagasaki Univ.*, 70, 7-12（1991）.

12）Subiyanto, I. Hirata, and T. Senta : *Nippon Suisan Gakkaishi*, 58, 229-234（1992）.

13）高知県水産試験場：高知水試事報，77-84，46-59, 1-22, 1-13, 1-43, 1-43, 1-23, 1-16（1981-1988）.

14）松田星二：南西水研報，2，49-83（1969）.

15）O. Tabeta : *J. Shimonoseki Univ. Fish.*, 21, 81-151, pls.1-3（1972）.

16）岡慎一郎・徳永浩一・四宮明彦：魚類学雑誌，43，21-26（1996）.

17）T. Bagarinao and Y. Taki : The larval and juvenile fish community *in* Pandan Bay, Panay island, Philippines, *in*"Indo-Pacific Fish Biology: Proc. 2nd Int. Conf. Indo-Pacific Fishes"（ed. by T. Uyeno *et al.*）, 1986, pp.728-739.

18）S. A. Harris and D. P. Cyrus : *Mar. Freshwater Res.*, 47, 465-482（1996）.

19）M. Kato, H. Kohno, and Y. Taki : *Ichthyol. Res.*, 43, 431-439（1996）.

20）赤崎正人：京大みさき臨海研特報，1, 1-368（1962）.

21）小西芳信：西海区ブロック浅海開発会議魚類研究会報，3，144-183（1985）.

22）M. Tanaka : *Trans. Am. Fish. Soc.*, 114, 471-477（1985）.

23）I. Kinoshita and M. Tanaka : *Nippon Suisan Gakkaishi*, 56, 1807-1813（1990）.

24）水戸 敏：水産増殖，臨4，25-30（1965）.

25）S. Morioka, A. Ohno, H. Kohno, and Y. Taki : *Jpn. J. Ichthyol.*, 40, 247-260（1993）.

26）S. Morioka, A. Ohno, H. Kohno, and Y. Taki : *Ichthyol. Res.*, 43, 367-373（1996）.

27）大島泰雄：藻場と稚魚の繁殖保護について，水産学の概観（日本水産学会編），日本学術振興会，1954，pp.128-181.

28）中津川俊雄：京都海セ研報，4，68-73（1980）.

29）中津川俊雄：同誌，5，17-22（1981）.

30）T. Kikuchi : *Publ. Amakusa Mar. Biol. Lab.*, 1, 1-106（1966）.

31）小池啓一・西脇三郎：魚類学雑誌，24，182-192（1977）.

32）中谷 栄・永田房雄・河本孝治・浜岡正治・森 義信：石川増試資料，16，1-101（1979）.

33）木村清志・中村行延・有瀧真人・木村文子・森浩一郎・鈴木 清：三重大水研報，10，71-93（1983）.

34）木下　泉：魚卵・仔稚魚，倉敷市大畠地先アマモ場環境調査学術報告書，倉敷市大畠地先アマモ場環境調査委員会，1994，pp.65-74.

35）木下 泉：タイ科，日本産稚魚図鑑（沖山宗雄編），東海大学出版会，1988，pp.527-538.

36）千田哲資：月刊海洋科学，18，714-718（1986）.

あとがき

千田哲資・木下　泉

本シンポジウム企画の趣旨は，従来の船を使っての仔稚魚調査ではカバーされていなかった，砂浜海岸浅海域（渚線から砕波帯付近まで）における仔稚魚を核とした生態系を明らかにすることにあった．

そのために，先ず，海岸工学の専門家にお願いして対象海域の海洋学的および工学的特性についてお話し頂き，次いで砂浜海岸と他の生息圏との比較および関係，仔稚魚の食物関係，仔稚魚の生活様式などの側面からの話題を提供して頂いた．いずれも長年の研究に基づくお話しで，興味深く拝聴し，教えられる所が多かった．しかし，全体として企画の趣旨のように，砂浜海岸における仔稚魚を核とした生態系を明らかにすることができたかとなると心もとない．仔稚魚の生物学がいろいろな断面から捉えられはしたものの，それらを有機的に構築して生態系として捉えることは不充分であったように思える．

上記の結果の主因は本シンポジウムのデザインに当たったわれわれ企画責任者の力不足にあるが，一面では，日本におけるこの分野の研究の現状を反映しているともいえる．仔稚魚の研究が行われている砂浜海岸の数は未だ多くはないし，同一場所において，砂浜海岸および近接の他の生息圏の仔稚魚・捕食者・餌料生物が並行して継続採集された例は殆どない．まして，物理・化学の領域を含む学際的研究はその萌芽が鹿島灘の水産工学研究所波崎海洋研究施設の周辺でみられるに過ぎない．現在砂浜海岸の仔稚魚の研究に携わっている方々が，そのような研究が全国の水産・海洋生物研究機関におけるルーチンとして取り入れられる日を目指して尽力して下さることを期待したい．

仔稚魚の生活環境を総合的に理解するために，物理・化学の領域の研究者の協力を得ることは欠かせない．しかし，この協力は一方的なものと考えるべきではなかろう．シンポジウム「砂浜海岸の生態系と物理環境」（「まえがき」参照）の総合討論のなかで，印象的な発言がなされている．ある水産研究者の“生物の人がもうすこし定量的な研究をしっかりやらないと物理の人と同じ言葉でのコミュニケーションは不可能だ”との趣旨の意見に対して，ひとりの工学者が“例えばそこに魚がいるかいないかというのは，ある意味では環境をおのずとある種の存在によって表現しているとも思え，我々とは違う言葉で語っている世界は私からみると非常に魅力的にみえる”というものである．各種のバイオアッセイや，水質汚濁の指標としての底生生物の利用などと同様に，砂浜海岸の仔稚魚相はその場所の環境の総合的な指標となり得よう．

幸いにして，今回，砂浜海岸の仔稚魚に焦点を当ててのシンポジウムを開いて頂けた．それにつけても気にかかるのは，砂浜海岸の生態研究者がウミガメを軽視ないし無視しているように思えることである．ウミガメの産卵にとって砂浜海岸は必須であることは広く知られており*1，研究者も多いにも関わらず，前記のシンポジウムおよび南アでのシンポジウム（第1章参照）ではこのことに関しての話題提供はなされていない．Brown and McLachlan:Ecology of Sandy Shores（第1章参照）でも僅か1ページ足らずをウミガメに当て，その中で“全体的にみて，ウミガメは砂浜海岸の生態学のなかでは大きな意義をもたない”と片づけている．砂浜海岸の消失は，直接的にウミガメの再生産の環の切断を意味する．個々の種の具体的な生活と切り離した，抽象的な「砂浜海岸の生態学」が存在するとは思えない．

「ウォーター・フロントの開発」が喧伝されるようになって久しい．フロント（前線）とは2つの異質の勢力が接触する境界線を指す．つまり，ウォーター・フロントとは陸地と海の境界線にほかならない．人間の生活の本拠は陸上にあり，従って一般にものをみるのも陸上動物の視点からである．当然の結果として，ウォーター・フロントの開発は陸地と海の境界を海の側に押し出して陸地を広げるという形をとる．以前は海であった場所が次々と陸地と化し，農地・工場・住宅・公園などが並び，わが国の自然海岸は消滅の一路を辿っている．砂浜海岸の生物学を志す者にとって，フィールドを保全し，豊かな自然環境を後世に伝え残していくよう努力することも重要であろう．

しかし，海洋生物学者や自然保護論者といえども，日常生活のなかで開発の成果を享受し，多かれ少なかれその恩恵をこうむっていることを忘れるわけにはいかない．また，開発を進める当事者といえども，自然の消失や資源の減少

*1 例えば Committee on Sea Turtle Conservation, *et al.* (eds.) : Decline of the Sea Turtles, Causes and Prevention, National Academic Press, Washington . D. C., 1990, xv + 259pp.

の被害者でもある．まして，時代の趨勢として，開発者側が周囲の声を全く無視して事業を進めることは難しくなっており，開発に際し環境保護論に対する「歩み寄り（ミチゲーション)」をオプションとしてもっているといわれる．

今では美しい自然の一部となっている砂浜海岸の松林も，もともとは人工の防砂林であった．祖先の知恵に学び，開発や防災工事と海洋の自然保護を両立させる方策を探るためには，両当事者の間での知見の交換をより活発化する以外になかろう．

追記．この「あとがき」をまとめるに当たっては，シンポジウムの場で頂いたご意見や，後日お手紙で頂いたご意見を参考にした．一々お名前は挙げないが，ご意見を寄せられた方々に深謝します．

なお，編者の不手際で，編集作業が大幅に遅れ，関係者，中でも日本水産学会出版委員会の皆さん，ならびに（株）恒星社厚生閣に大変なご迷惑をかけた．深くお詫びします．

出版委員
会田勝美　赤嶺達郎　木村　茂　木暮一啓
谷内　透　藤井建夫　松田　皎　村上昌弘
山澤正勝　渡邊精一

水産学シリーズ〔116〕　　定価はカバーに表示

砂浜海岸における仔稚魚の生物学
Biology of Larval and Juvenile Fishes in Sandy Beaches

平成10年4月5日発行
編　者　千田哲資
　　　　木下　泉
監　修　社団法人 日本水産学会
〒108-0075　東京都港区港南　4-5-7
東京水産大学内

発行所　〒160-0008
東京都新宿区三栄町8
Tel (3359) 7371(代)
Fax (3359) 7375
株式会社 恒星社厚生閣

© 日本水産学会，1998．興英文化社印刷・風林社塚越製本

出版委員
会田勝美　赤嶺達郎　木村　茂　木暮一啓
谷内　透　藤井建夫　松田　皎　村上昌弘
山澤正勝　渡邊精一

水産学シリーズ〔116〕
砂浜海岸における仔稚魚の生物学
(オンデマンド版)

2016年10月20日発行

編　者　　千田哲資・木下 泉
監　修　　公益社団法人日本水産学会
〒108-8477　東京都港区港南4-5-7
東京海洋大学内

発行所　　株式会社 恒星社厚生閣
〒160-0008　東京都新宿区三栄町8
TEL 03(3359)7371(代)　FAX 03(3359)7375

印刷・製本　　株式会社 デジタルパブリッシングサービス
URL http://www.d-pub.co.jp/

© 2016, 日本水産学会　　AJ590

ISBN978-4-7699-1510-2　　Printed in Japan
本書の無断複製複写（コピー）は，著作権法上での例外を除き，禁じられています